ILLUSIONS

ET

MÉCOMPTES

D'un vieux Agriculteur.

ILLUSIONS

ET

MÉCOMPTES

D'un vieux Agriculteur,

SUPPLÉMENT AU MANUEL D'AGRICULTURE ;

PAR LE COMTE **LOUIS DE VILLENEUVE**,

CAPITAINE DE VAISSEAUX.

D'un assolement pur malheureuse victime,
Il lègue à ses enfans la faim pour légitime.

Expérience passe science.

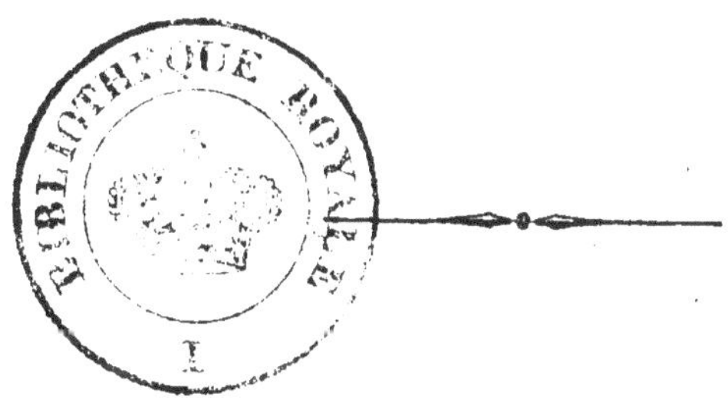

Toulouse,

CHEZ SENAC, LIBRAIRE,

PLACE ROUAIX.

1834.

ILLUSIONS

ET

MÉCOMPTES

D'UN VIEUX AGRICULTEUR.

CHAPITRE PREMIER.

Motifs qui ont déterminé la publication de ce Mémoire.

Un grand nombre de propriétaires ont bien voulu me témoigner le désir de voir réimprimer mon Manuel d'agriculture, et d'y trouver consignés les procédés et les nouvelles découvertes dont l'expérience a consacré les avantages.

Cet encouragement si flatteur m'a ramené aux vues de bien public qui m'ont toujours dirigé, et m'a fait un devoir d'examiner si je n'atteindrais pas mieux ce but, en faisant connaître les fautes et les mécomptes qui ont signalé une carrière agricole de trente-trois ans. Sans doute l'amour-propre a eu son sacrifice à faire ; mais, avant tout, être utile à mon pays fut le devoir que je m'imposai en publiant le Manuel d'agriculture, et, si je n'ai pas rempli l'étendue de cette obligation aussi bien que je l'aurais désiré, mes aveux prouveront du moins que je n'ai rien négligé pour le faire.

Je ne saurais avoir la prétention de rien dire qui soit profitable à nos agronomes distingués, et surtout à mes honorables collègues de la Société d'agriculture de Toulouse. C'est dans le sein de cette Société, si recommandable par tant de services rendus à l'art agricole, qu'il faut puiser les vrais principes et ses heureuses applications. Des agronomes tels que MM. de *Malaret*, de *Saget*, *Descamps*, *Lacroix*, le *Blanc*, *Villèle*, *Marsac*, et tant d'autres qu'il faudrait nommer, n'ont pas, comme moi, des mécomptes à citer ; ils ont pu encourager l'agriculture par de brillans succès.

Placé dans une position différente, je n'ai eu pour but, en retraçant les diverses crises d'une carrière agricole assez étendue, que de prémunir des hommes faciles à s'abuser, et principalement mon fils et ces jeunes agronomes pour lesquels l'espérance du succès est une des plus douces illusions de la vie. Éclairés par mes fautes, ils n'adopteront les nouvelles découvertes qu'avec prudence , et quand l'expérience en aura démontré les avantages. Ils feront la part de notre climat, en n'adoptant qu'avec sagesse, et dans des localités privilégiées , la culture des racines , si avantageuse en Angleterre. S'ils entreprennent quelque amélioration , quand même elle serait préconisée dans les journaux (1) , ce ne sera qu'après avoir bien calculé si la dépense ne serait pas au-dessus des bénéfices.

Ils adopteront un assolement simple , facile à exécuter, approprié à notre climat et à la qualité de nos terres ; ils n'imiteront pas ces agronomes anglais dont parle Walter Scott , « qui, animés d'un noble esprit, dédaignaient » de balancer les produits avec les dépenses, » et qui croyaient que la gloire d'inventer » un assolement parfait , trouvait, comme » la vertu , sa récompense en elle-même ».

Ils n'oublieront pas que l'emploi des hommes et du bétail doit être surveillé avec le plus grand soin ; ce sont des capitaux qui doivent produire. Cette négligence et celle de laisser les bœufs de travail à l'étable,

---

(1) Les éloges des journaux engagent souvent avec trop de facilité à adopter de prétendues découvertes. Les regrets viennent assaillir ordinairement l'agriculteur qui se livre si facilement à des illusions.

sous prétexte de courses fréquentes aux foires, sont une perte réelle pour le propriétaire.

Nos jeunes agronomes tâcheront d'organiser des transports de terre, la meilleure spéculation que l'on puisse faire, quand on cultive avec des maîtres-valets.

Éclairés par mon exemple, ils ne voudront pas, comme moi, améliorer tout à la fois. Ils feront des essais, et, si un seul réussit sur vingt, ce sera beaucoup. Enfin, après avoir parcouru tous les degrés de la science agricole, ils auront la conviction que le plus grand mérite d'un agriculteur, un devoir même pour celui qui est père de famille, c'est de faire le moins de frais possible dans son système de culture, et de n'y employer les capitaux qu'avec la plus grande réserve.

Depuis que je dirige la culture de mon domaine, j'ai dépensé en améliorations de sol, en défoncemens, en constructions rurales et en expériences, plus de 80,000 francs, et pourtant la valeur de mon bien n'a pas augmenté en proportion. Sans doute j'ai obtenu quelque récoltes extraordinaires, malgré la médiocrité du terrain; ces brillans résultats étaient dus peut-être à un peu de *science*, mais ils ne sont pas en compensation des grandes dépenses qu'ils m'ont occasionnées , surtout avec les accidens divers qui les ont accompagnés. Que de fois les plus belles espérances , fruit d'un savant assolement, se sont évanouies. Dans l'espace de trente-deux ans, la grêle a deux fois détruit mes récoltes ; le vent d'Autan , si violent à la sortie des gorges de la montagne noire , les a gravement endommagées plusieurs fois. Les influences du brouillard et trois automnes pluvieux m'ont privé tour à tour de mes produits en grains , et cependant les frais avaient été toujours les mêmes , toujours calculés sur l'espoir d'une magnifique récolte. Car , il faut en convenir , l'agriculteur ne vit que d'illusions : à peine ses blés couvrent-ils la terre d'un tapis de verdure , qu'il s'empresse de calculer le nombre de gerbes qu'il aura. Les betteraves seront sans nul doute d'une grosseur prodigieuse. Que de quintaux il va recueillir ! A l'exemple des propriétaires du Nord , il établira la fabrication du sucre , qui lui donnera la facilité d'engraisser des bœufs ; il augmentera ainsi ses engrais ; et, par suite , des récoltes admirables ! C'est l'histoire du pot au lait....

Il est des cultures qui réussissent dans le Nord , telles que les carottes , les turneps ,

le colza. Ces heureux résultats, envisagés iso-
lément, sont un appas auquel se laissent souvent
prendre les jeunes agronomes de nos contrées
méridionales. Un peu de réflexion suffirait
sans doute pour les désabuser, et leur faire
envisager les obstacles qui rendent la culture
des racines bien casuelle sous notre brûlant
climat ; c'est par ce même motif que je ne
crois pas que la fabrication du sucre de betterave puisse s'établir avantageusement dans le
Midi. Il est cependant quelques positions particulières pouvant offrir quelques chances de
succès, telles, par exemple, que le domaine de
M. Lacroix, et surtout son habileté, et les grands
fonds de la Save, sur lesquels on pourrait cultiver la betterave en grand ; se livrer même à la
fabrication du sucre, le sol devant contenir
moins de parties salines que dans le Lauragais(1).

Quelques propriétaires de Puilaurens ont
essayé la fabrication du sucre ; ils s'étaient
engagés à cultiver chacun 3o arpens en betteraves, mais la sécheresse de 1832 a nui
beaucoup à cette utile entreprise ; si elle avait
réussi, on aurait vu, dans le Midi, la betterave
remplacer en partie le maïs ; le sol eut été

---

(1) J'ai vu, à Caumont, chez M. de Macmahon, des betteraves
d'un poids considérable. Il y en avait une pesant 45 livres.

moins épuisé, et les assolemens, plus faciles.
Mais si nous ne pouvons utiliser la betterave
pour faire du sucre, nous devons l'utiliser
comme nourriture des bestiaux. Cette culture
présente tant d'avantage, que j'entrerai dans
quelques détails sur les meilleurs procédés à
suivre pour obtenir de bons résultats. En théorie, il est de principe que le meilleur placement
est celui que l'on fait sur son bien; oui, comme
sûreté, mais, pour balancer les produits avantageux, il ne faut pas oublier de mettre en
ligne de compte la grêle, le vent d'Autan,
le brouillard et la sécheresse, inconvéniens
si communs dans le Midi. Laissons aux riches
propriétaires du Nord la douce jouissance
de contribuer, par de nouvelles découvertes, à
la prospérité de l'agriculture. Sachons apprécier
les avantages qu'offrent, dans certaines localités, les charrues Dombasles, Lacroix, l'extirpateur, la houe à cheval, le semoir Hugues, la
machine Suédoise, pour le battage des blés; mais
n'oublions pas que l'usage d'un grand nombre de
ces machines et leur prix élevé ne sauraient
convenir, ni à la qualité des terres du *Lauragais*
et du *Castrais*, ni au morcellement de la
propriété. D'ailleurs, indépendamment du peu
de profondeur du sol, qui oppose une difficulté
bien grande à leur admission, les préjugés des

paysans, et la petitesse de la race des bœufs que nourrissent ces contrées, nous forcent à rester dans l'ornière des charrues et des outils aratoires peu pesans et peu coûteux. Il n'en est pas de même aux environs de Toulouse, dans la Gascogne et sur les bords de la Garonne, où on emploie généralement des bœufs d'une forte taille et d'un prix élevé; on peut alors se servir de fortes charrues, et mettre en œuvre le pesant extirpateur.

D'après ces divers exposés, il est facile de voir qu'il ne peut y avoir de règle fixe en agriculture. Vouloir changer des usages fondés sur une longue expérience, serait donc une entreprise désavantageuse, qui entraverait la marche de la science; ce serait, en quelque sorte, travailler à renverser les sages dispositions de la nature (1). N'est-ce pas une suite d'obser-

---

(1) La destruction de nos forêts en est un triste exemple. En défrichant les côteaux rapides de nos montagnes pour obtenir quelques chétives récoltes, nous avons imité le Sauvage qui coupe l'arbre pour en avoir le fruit. Aussi, se plaint-on généralement que les sources diminuent, que nos puits tarissent dans l'été, que nos rivières sont moins abondantes dans les sécheresses, et, chose extraordinaire, les inondations plus fortes qu'elles ne l'étaient anciennement. On observe, tout le long de la montagne noire, que les parties élevées qui, il y a 60 ans, étaient couvertes de forêts, ne présentent à présent que des rochers nus, sans autre végétation que quelques plantes rares. La culture des pommes

toutes naturelles qui ont inspiré à nos métayers ces adages qui leurs sont si familiers, et dont l'exactitude déconcerte souvent les calculs de la science? Les indices auxquels le laboureur et le berger jugent des variations du temps, ne sont-ils pas le plus souvent aussi certains que le baromêtre? Un métayer, consulté sur le meilleur état du sol pour les semailles, vous dira qu'il faut, pour les *boulbènes,* que la poussière couvre le laboureur, et, pour les *terres fort,* que l'eau suive les pieds des bœufs. Voilà tout son savoir, il se réduit à des principes basés sur une longue expérience.

Il est sans doute facile de faire de la bonne agriculture sur des domaines dont le sol est d'une qualité supérieure, comme en Flandre, la limaille d'Auvergne et la levée de la Garonne du côté d'Agen. Peut-être

---

de terre, en ameublissant le sol de ces penchans rapides, facilite l'entraînement des terres dans les vallons. Que sont devenues les immenses forêts qui se trouvaient dans les environs de Narbonne, ces sources si pures qui répandaient la fraîcheur et la vie dans ces contrées, maintenant desséchées? La vente des forêts de l'état va encore augmenter le mal, par les grands défrichemens qui vont avoir lieu. Heureux temps! nous nous occupons fort peu de l'avenir de nos neveux; et peut-être pourrait-on arrêter le mal, en encourageant par des primes les semis des bois, et en exemptant de l'impôt les forêts dont les coupes n'auraient lieu qu'après 100 ans.

même a-t-on raison de dire qu'on achète trop
bon marché les mauvaises terres, et jamais
trop cher les grands fonds. En effet, les
terres légères et de médiocre qualité réclament impérieusement le secours de la science,
une surveillance de tous les momens, l'adoption d'un système de culture qui leur soit
approprié, et surtout l'augmentation des engrais de toute espèce. Citerai-je ici, comme
exemple, le succès que j'ai obtenu sur un
domaine de ce genre ? Mais pourrai - je
en parler, sans rappeler en même temps ce
que j'ai déjà dit ? Que d'essais infructueux !
Que de mécomptes n'a-t-il pas fallu éprouver, avant de parvenir à un mode de culture facile et peu dispendieux !

Mais, peut-être, dira-t-on qu'en simplifiant
les systèmes d'agriculture, en n'adoptant les
nouvelles découvertes qu'avec lenteur et
calcul, on met des entraves à la marche
progressive de la science agricole. Le siècle
marche, il a conquis l'assolement quadriennal, il faut marcher avec lui. Et qu'importe
à l'état que quelques agronomes se ruinent
par des essais dispendieux, pourvu que leurs
essais fassent faire un pas de plus à la science ?
N'a-t-on pas vu, en Angleterre, le parlement
payer deux fois les dettes du célèbre *Blakvvels*,

qui s'était deux fois ruiné en faisant des expériences ?

Je conçois, en effet, l'intérêt de l'état à voir produire au sol le plus de fruits possible ; sa sollicitude à cet égard est même un devoir avec l'accroissement rapide de la population. Pour l'état, les intérêts particuliers sont secondaires, mais le père de famille ne doit jamais perdre de vue sa position ; il ne sera donc ni des premiers, ni des derniers à adopter les nouvelles méthodes. C'est un *juste milieu* qu'il faut adopter, et ne pas se flatter que, si on se ruine, les chambres paieront vos dettes.

C'est donc comme père de famille que je viens faire connaître les nombreux mécomptes que j'ai éprouvés. J'indiquerai les modes de culture que je crois le mieux convenir à certaines localités, et aux variétés des terres que je cultive.

Je me garderai bien de blâmer les divers systèmes agricoles adoptés par plusieurs savans agronomes, et de m'élever contre ce merveilleux assolement quadriennal, si prôné dans le Nord, et que le quinquennal menace de détrôner. Je dirai même que tous les nouveaux systèmes d'agriculture sont, en général, bons. Mais le point difficile est de connaître et de suivre celui qui convient le mieux aux terres qu'on cultive et au climat. Je ne suis pas surpris des succès qu'ont obtenus quelques habiles agronomes du Gers et de la Haute-Garonne. Avec plus de talent, une position plus favorable, une grande habileté, ils ont pu faire des miracles ; mais c'est précisément ces brillans succès que je redoute pour nos jeunes agronomes. Honneur à la science et au zèle de ces agriculteurs qui, sans calculer les frais qu'ils sont obligés de faire, ne cherchent qu'à doter leur pays de leurs précieuses découvertes. Profitons de leurs succès, mais évitons leurs mécomptes, et surtout tâchons de faire de l'agriculture à bon marché.

CHAPITRE 2.

Examen des dviers modes de culture suivis dans les départemens du Sud-Ouest.

Dans les départemens du Sud-Ouest, les divisions territoriales forment des propriétés de moyenne étendue, connues sous le nom de *domaine* ou *terre*, et de parties de domaine qu'on appele *métairies*. Cette division de la propriété, en s'opposant au système de grande culture suivi dans le Nord, a dû nécessairement amener de très-sensibles différences dans l'application des grands principes d'agriculture. Par suite du morcellement (1), l'usage d'affermer les biens a été restreint à quelques grands domaines.

Notre système de culture , pour être en rapport avec la nature du sol, a dû s'adapter à un pays traversé de longues chaînes de côteaux , composés d'argile et de terre calcaire, et dont les vallons sont formés de boulbènes plus ou moins fortes. Ce sol des côteaux et des plaines hors quelques localités composées de terre sabloneuse , a dû exiger le travail des bœufs , tandis que , dans les plaines de la Beauce , celui des chevaux a dû être préféré. De là , a dû résulter une grande différence dans le mode de culture du Nord et du Midi.

Il existe, dans nos départemens, trois modes de culture :

1.º Par des *maîtres-valets* gagés en argent et en grains, faisant leur ménage chez eux ;

2.º Par des valets nourris par le propriétaire ;

3.º Par des métayers à moitié fruits.

____

(1) Il faut peut-être attribuer à cette grande division de la propriété le peu de succès des établissemens des troupeaux mérinos , et peut-être encore la diminution progressive du produit de la laine.

Nous allons examiner quels sont les avantages et les inconvéniens de ces divers modes, et quelles sont les positions qui conviennent aux uns et aux autres.

Je n'entrerai pas dans des détails sur la culture au moyen des *valets* : elle est peu en usage, et ne saurait d'ailleurs convenir qu'au petit propriétaire, qui, mettant la main à l'œuvre, est lui-même son premier valet. On conçoit, en effet, que, chez un propriétaire aisé, la nourriture des valets est bien plus coûteuse que celle qu'ils auraient chez eux ; elle exige une surveillance minutieuse, et donne lieu à trop d'abus. Sans ces inconvéniens, cette manière de cultiver présenterait quelques avantages.

La culture à *maîtres - valets* ayant leur ménage, vivant en famille, offre des avantages en facilitant les moyens d'améliorer son bien ; aussi, ce mode devient de plus en plus en usage chaque année ; il semble même que le propriétaire qui veut marner, faire des transports de terre, défoncer le sol, ne peut se dispenser de l'adopter. Il ne saurait, en effet, retrouver les mêmes avantages sur les domaines cultivés à moitié fruits, le temps du métayer et le travail des bœufs étant à peine suffisans pour leur exploitation. Obligés de tout faire par eux - mêmes , redoutant de prendre des journaliers, des métayers, qui peuvent être renvoyés chaque année , n'ont aucun intérêt à de grandes améliorations qui exigent des avances. Ce mode de culture a donc de grands inconvéniens , et néanmoins, dans certaines localités, il doit être préféré.

Supposons qu'on possède , sur des côteaux en pentes rapides, un domaine dont le sol soit de médiocre qualité ; je serais porté à croire qu'on obtiendrait plus de revenu en le faisant cultiver à moitié fruits. Telle était l'opinion d'un de nos plus habiles agronomes , de M. le marquis d'*Avessen* , qui , le premier avant 1790 , avait adopté le meilleur système de culture pour la partie du Lauragais qu'il habitait. Vingt métairies plus ou moins grandes composaient sa terre d'*Agus*. Il y en avait cinq dont le sol était de bonne qualité ; elles étaient cultivées par des maîtres-valets. Les autres métairies étaient à moitié fruits (1) , mais avec l'assolement obligé,

____

(1) Cette portion du Lauragais qui de la plaine de Revel se dirige sur Toulouse, est formée d'une multitude de côteaux, composés de *terres fort* de bonne qualité. Pendant l'hiver les communications sont impraticables , ce qui rend difficile toute amélioration agricole. C'est là la cause qui maintient la culture à métayer.

blé, maïs, le tiers restant en fourrages artificiels et fèves, seulement un tiers pour
jachère afin de servir de dépaissance, au printemps. Je doute qu'on puisse trouver un
assolement plus simple, plus approprié à la
nature du sol, aux habitudes des paysans et
à notre climat. Il est à observer que, dans
cet assolement, le blé est toujours sur culture
améliorante et sur jachère fumée. Il en résulte que la qualité du grain est bien supérieure (1), et que les récoltes sont préservées
de la folle avoine. Tel est l'assolement que
j'ai adopté pour les domaines que je possède
dans le Lauragais.

Je citerai, comme pouvant être utile aux
propriétaires qui se trouveraient dans la même
position que moi, un accord fait avec des
maîtres - valets, établis sur deux métairies,
dans les environs de Puilaurens.

Toutes les récoltes sont à moitié, excepté
celle du blé, dont je prends les deux tiers.
Toutes les dépenses de culture sont à leur
charge, les impositions payées par moitié,
et ils sont tenus aux mêmes conditions que
les maîtres-valets.

____

(1) Voyez le chapitre jachère.

Ce mode de culture a ses avantages, mais il exige un fonds de bonne qualité.

En résumé, si la terre est de peu de rapport, si le propriétaire n'est pas son premier homme d'affaires, si sa position ne lui permet pas de rester continuellement à la campagne, alors il n'y a pas à hésiter, il vaut mieux établir la culture à métayers. Dans la position que j'indique, c'est le seul moyen d'obtenir un revenu en rapport avec la qualité médiocre du sol. Pour donner plus de poids à cette opinion, je l'appuierai de celle de M. de *Lastours*, aussi habile agronome qu'homme d'État distingué, dont la longue expérience et les succès dans le Castrais sont une grande autorité. Il cultive à moitié fruits les nombreuses métairies qu'il possède ; seulement il exige la dîme des céréales et le transport des gerbes dans sa ferme, en faisant battre chaque tas séparément ; il exerce ainsi un contrôle sur le produit brut de chaque métairie.

En comparant les deux modes de culture, on trouvera un bénéfice à peu près certain dans l'emploi des maîtres-valets, toutes les fois que la récolte est abondante, mais un avantage dans la culture à métayers, lorsque l'année est mauvaise, même médiocre ; c'est un jeu à jouer.

Je croirais donc devoir établir , comme règle , qu'un bien susceptible d'amélioration , soit au moyen de la marne , soit par le transport de bonne terre , que sa position met à l'abri de fréquens accidens de grêle , de brouillard , de vent d'Autan , et dont on veuille, en abandonnant l'agriculture de salon, surveiller soi-même la culture, offre de grands avantages , exploité par des maîtres-valets. Mais , si on n'est pas dans la position que je viens d'indiquer, il vaut mieux employer des métayers à moitié fruits ; on aura moins d'illusions , mais plus de revenu ; cela dépend des goûts.

Pour se convaincre de l'exactitude de ces observations , et ne pas croire, quelque talent qu'on ait , à des succès assurés en agriculture, il suffit d'examiner le compte-rendu de l'administration de Rosville. Il serait sans doute difficile de trouver un agronome plus instruit , plus actif et plus dévoué à la prospérité de son pays que M. Dombasle , qui porte dans son administration agricole la plus sévère économie , une exactitude parfaite dans ses comptes. Eh ! bien M. Dombasle présente le tableau des profits et pertes de neuf années depuis 1824 , et il en résulte que les pertes de l'exploitation rurale se sont portées à 28,829 fr.,

mais qu'elles ont été réduites à 11,889 fr.,
par les profits que l'établissement a retirés de
la vente des outils aratoires et de l'institut (1).
Si on recherche les causes du peu de revenu
qu'a donné la ferme modèle de Rosville,
malgré l'habileté de M. Dombasle, on les
trouvera dans le montant du fermage, dans
les intérêts à payer, dans les essais de tout
genre qu'il a été à même de faire dans
l'intérêt de la science, mais surtout dans cinq
années mauvaises par suite des intempéries,
et par l'épidémie qui a frappé son troupeau
mérinos.

Une grande partie des ces causes existant
dans le Midi, ce résultat entre les mains
d'un agronome si distingué doit nous prémunir contre toutes les illusions des vives
imaginations du Midi ; et je crois ne pouvoir
mieux atteindre le but que je me suis proposé d'être utile à nos jeunes agronomes,
qu'en m'appuyant sur l'expérience de ce savant.
Écoutons M. Dombasle parler de ses succès
et revers agricoles.

------

(1) Dans le tableau présenté par M. Dombasle, on trouve que
le rapport moyen de 9 années d'un demi-hectare (contenance où
nous semons 1 hectolitre blé) a été de 6 semences 1/2. La plus
forte année 9 semences 3/4, la plus faible 5 1/4. Dans les domaines
cultivés à maîtres-valets, nous obtenons de plus grands produits.

« On se formerait une fausse idée de l'art
» agricole, si l'on considérait la bonne agri-
» culture comme une combinaison précise,
» invariable, que l'on puisse appliquer à toutes
» les localités. Il ne suffit pas d'accroître la
» masse des produits, ce qui est pourtant
» facile, si on veut y consacrer une grande
» dépense, mais c'est le produit net qu'il
» faut accroître ».

« Les circonstances font, seules, les bons
» systèmes de culture, et vouloir réduire
» la bonne agriculture à l'adoption de tel
» assolement, c'est ignorer complètement la
» partie de l'art ; et cette funeste erreur a
» enfanté une incroyable multitude de mé-
» comptes et de chutes ».

« Le meilleur agriculteur est celui qui
» parvient à discerner les pratiques qui
» conviennent le mieux aux circonstances
» dans lesquelles on se trouve placé ».

CHAPITRE 3.

Spéculations.

Quelle est vaste la carrière des mécomptes
pour le jeune agronome qui se livre à toutes
les illusions d'une vive imagination ! Qu'il me
soit permis d'entrer dans quelques détails sur

les essais que j'ai été dans le cas de faire.

Une année, ayant récolté beaucoup de fourrages, je crus avantageux de les faire consommer par des jumens destinées à la reproduction avec des étalons du dépôt du gouvernement. Je calculais sur des produits de 7 à 800 livres de valeurs, à l'âge de 4 à 5 ans; malheureusement, des accidens de tout genre dérangèrent mes calculs, et, en résultat, je ne vendis mon fourrage que 20 centimes le quintal. Pour réussir dans de semblables spéculations, il faudrait, comme M. le comte de Castellane, à Scopon, former un établissement de haras, dans de vastes prairies, mais surtout il faudrait, comme lui, être grand connaisseur en chevaux, faire soi-même les achats et les ventes. De grands succès lui étaient assurés, quand les évènemens politiques de 1830, réagissant sur toutes les industries, ont obligé M. le comte de Castellane à suspendre ce bel établissement, où plus de 200 jumens croisées avec des étalons arabes, donnaient l'espoir d'une grande amélioration de nos races de chevaux. Nous devons à M. le comte de Castellane, d'avoir détruit le préjugé que l'éducation des jeunes chevaux était impossible dans le Lauragais. Si cet exemple eût été suivi dans les autres départemens, le gouvernement aurait trouvé dans le Midi de grandes ressources pour les remontes de la cavalerie légère.

Il résulte cependant de ces essais que les propriétaires trouveraient un avantage à peu près certain à placer dans leurs métairies une ou deux fortes jumens, qu'ils feraient saillir par les étalons du gouvernement. En les donnant à moitié profit aux métayers, on serait assuré que les produits seraient soignés avec zèle.

Dégoûté de cette spéculation, j'essayai d'engraisser des bœufs pour la boucherie. Arthur-Young, dans son voyage en France, avait dit : sans turneps, point de salut en agriculture. Le maître ayant prononcé, je semai des turneps. Je dus à un été pluvieux une abondante récolte de ces grosses raves limousines, et je les employai à l'engrais de deux paires de bœufs maigres. J'avais réussi, quand une forte diminution dans le prix du bétail réduisit à peu de chose le bénéfice que je m'étais promis. Je voulus continuer la culture des turneps pendant plusieurs années, mais ce fut sans succès. Peut-être dira-ton que l'engrais des bœufs réussit constamment en Angleterre, et que ce genre d'industrie est une des bases essentielles du système agricole de ce pays. Je répondrai que ce système est fort bon dans un climat humide, où les qualités de terre sont si propres à la culture des racines, et où les vastes pâturages ne manquent pas plus que la certitude d'un bénéfice considérable. On observera, en effet, que les anglais consommant dix fois et demi plus de viande que les français, leurs marchés doivent donc être abondamment fournis, et les prix en rapport avec les frais de reproduction. En France, au contraire, la viande de bœuf de première qualité est restreinte à la consommation de la classe riche; la classe moyenne préfère la viande de veau et de cochon salé, comme plus économique, et les autres classes ne font presque pas usage de la viande de boucherie. Dans cet état des choses, le prix des bœufs gras doit varier beaucoup, surtout quand le Limousin cherche dans le Midi un débouché pour ses bœufs engraissés. Ce genre de spéculation ne présente donc pas des chances assez assurées pour s'y livrer avec confiance.

Il existe cependant quelques localités, telles que les beaux vallons le long de la montagne noire, presque tous cultivés en prairies arrosables, où on peut utiliser le regain des près en engraissant des bœufs et des moutons qu'on envoie dans le Bas-Languedoc et à Perpignan. Quand ce commerce est entre les mains d'habiles métayers, il produit beaucoup, et permet même de trouver des métayers qui vous donnent les deux tiers du revenu.

Après ces essais, j'espérai que je me trouverais mieux d'une spéculation sur les cochons. Il n'était bruit, dans le département du Gers, que de la supériorité de la race cochinchinoise; de savans agronomes la prônaient avec enthousiasme, et M. de Bonne, sous-préfet de Castres, jaloux de procurer à son arrondissement cette nouvelle branche de richesse, faisait venir MM. les cochinchinois par les voitures publiques. Il n'était pas dans mon caractère de rester en arrière pour adopter une amélioration nouvelle; je m'empressai de faire venir plusieurs cochons et un verrat, pour améliorer la race du pays. Je n'obtins pas les résultats que j'espérais, soit que le climat ne leur convint pas, soit qu'ils ne fussent pas aussi bien soignés que dans le Gers. Nous eûmes beaucoup de difficultés pour vendre les produits, et la chair un peu rougeâtre des cochons engraissés nuisait aussi au débit. Cette amélioration à été abandonnée dans le département du Tarn (1).

Mais un mécompte d'une plus grande impor-

---

(1) Depuis que j'ai émis cette opinion, j'ai appris que par suite de cette persévérance éclairée qui distingue les agronomes du Gers, ils sont parvenus à tirer un grand parti de la race cochinchinoise.

tance, et qui remonte à mes belles années d'agriculture, où tout était illusion, c'est l'établissement des troupeaux mérinos. J'agis cependant avec une certaine prudence, en ne formant mon troupeau que de brebis de réforme, et de deux béliers de race pure. Je persistai pendant bien des années dans les soins minutieux et coûteux qu'exigent les mérinos; mais, voyant qu'il fallait faire plus de dépense, donner à mon troupeau une nourriture plus substantielle, et que la vente des bêtes de réforme était devenue difficile par la difficulté d'engraisser les mérinos, je me décidai à substituer à cette espèce des brebis provenant de la belle race d'*Arfons*, dans la montagne noire, au-dessus de Dourgne.

En émettant mon opinion sur la préférence à donner à la race des brebis d'Arfons, métisée avec des béliers de race pure, je n'ai entendu parler que des domaines composant la moyenne propriété. Je sais qu'on peut citer avec éloge de grands établissemens de ce genre, pouvant rivaliser avec ceux du Nord, celui, par exemple, de mon honorable ami, M. de *Macmahon* (1),

____

(1) Dans le nombre des agronomes qui se sont efforcés d'introduire la race mérinos dans le pays, je dois citer MM. de Villèle, le docteur Viguerie, les deux Domezons, de Grissony, de St.-Géry, Fosse de Roquecourbe, de Marsac, etc. A la même époque où

qui, le premier, a organisé dans le Midi un beau troupeau de race pure de 700 bêtes croisées avec des béliers de Saxe. Mais, pour obtenir un si brillant succès, il faut avoir, comme M. de Macmahon, un grand domaine, des bois, de vastes dépaissances, faire venir de Rambouillet un bon berger avec ses excellens chiens, employer, tous les ans, 700 quintaux de luzerne pour la nourriture de son troupeau ; mais ce qu'il faut avoir surtout, c'est, comme lui, une activité infatigable, une persévérance qui surmonte tous les obstacles, et un esprit de détail qui ne laisse aucun soin en souffrance, enfin cette noble ambition de contribuer à la prospérité de son pays (1).

M. de Macmahon formait son troupeau de Caumont, le respectable M. de Villèle-Campolliac établissait à Morville la race mérinos de l'importation de Gilbert.

(1) C'est ainsi que M. de Macmahon n'a pas hésité à faire venir par la diligence un bélier de Rambouillet, dont le port lui coûta 150 francs ; il est vrai que, ne mangeant pas à table d'hôte, la nourriture fut peu de chose ; il était,

> mangeant sa paille et son foin,
> tout seul dans son petit coin.

Quel dut être l'étonnement de ces bons Limousins de voir un mouton voyager dans une bonne diligence, avec un préfet, et même un membre du corps législatif ? Ils durent croire que le soleil du Midi avait frappé sur la tête de mon honorable ami. Mais celui qui visite la belle terre de Caumont, emporte des idées bien différentes ; il admire cette position magnifique, dominant le riche

Malgré le succès obtenu par mon honorable ami, succès qui lui a mérité une médaille d'or, il reste un grand problème à résoudre, le revenu net d'un troupeau mérinos est-il plus considérable que celui qu'on obtiendrait d'un troupeau de la race d'Arfons dans la montagne noire?

Aux environs de Toulouse, où on peut tirer un grand parti des agneaux et du lait de brebis, l'avantage est incontestablement en faveur de la race du pays, puisque la valeur capitale du troupeau est couverte chaque année par les profits.

A une certaine distance de la ville, la position n'est plus la même. N'ayant pas été dans le cas de former chez moi un grand établissement de troupeau mérinos, mon opinion ne peut être d'un grand poids ; mais je m'appuierai sur celle

---

vallon de la Save, toutes les constructions rurales, bâties sur un même plan, une grande écurie contenant 19 paires de bœufs.

En voyant ce vaste château de Caumont, ces tours élancées, ces créneaux, ces formes antiques, on retrouve un de ces châteaux gothiques des anciens temps. Ce fut là, en effet, qu'avait habité ce fier duc d'Epernon, que le cardinal de Richelieu put seul sourmettre.

Les entours du château ont aussi de quoi fixer l'intérêt ; les embellissemens modernes s'y trouvent en harmonie avec les formes d'un autre âge, et dans l'intérieur viennent s'offrir tour à tour, et l'esprit de chevalerie qui fait revivre les anciens souvenirs, et un choix d'ornemens qui consacre le bon goût de notre époque.

d'un de nos plus habiles agronomes, de M. le comte de Villèle. Depuis trente ans, une race pure, provenant de l'importation d'Espagne, de Gilbert, est établie à Mourville. Dans ce beau domaine devenu une sorte de ferme modèle, on trouve une surveillance de tous les momens, et cet esprit d'ordre et de comptabilité qui a laissé de si grands souvenirs au ministère des finances. Eh! bien, M. le comte de Villèle, au-dessus des illusions agricoles, et considérant cette question avec cette rectitude de jugement qui le distingue, me disait, en 1831, que, tout calcul fait, considérant que l'entretien des mérinos était plus coûteux que celui des moutons du pays (1), que la vente en était plus difficile, ne s'engraissant pas aisément, que le prix de la laine n'était pas en raison du capital, il était persuadé qu'il trouverait plus de profit avec un troupeau croisé avec des béliers mérinos.

Je serais bien fâché que mon opinion pût nuire à l'établissement de grands troupeaux

---

(1) Si la nourriture de nos bêtes à laine nous revenait, comme dans le Nord chez M. de Polignac, à 10 livres le mouton et 17 livres la brebis, nul doute qu'il faudrait renoncer à élever la race mérinos ; mais, heureusement pour nous, nous nous contentons d'un quintal de luzerne et de la paille. Notre beau climat nous procure des ressources de dépaissance que n'a pas le Nord.

mérinos dans le Midi. Mais je prie d'observer qu'avec l'augmentation de population que nous avons, c'est la quantité de laine qu'il faut faire produire, plutôt que la finesse. La classe ouvrière, les paysans même, s'habillent à présent en draps communs. Le luxe a pénétré dans toutes les classes ; il faut des draps communs, mais qui soient à bon marché. Sous ce rapport, l'industrie française a fait de grands progrès pour *apprêter* les draps (1). Nos grands fabricans du Midi attachent peu d'importance à quelques centaines de balles de laine mérinos achetées dans le pays ; l'économie du port est peu de chose, et ils préfèrent tirer directement d'Espagne, ou bien acheter à Paris dans les entrepôts de laine de tous les pays ; ils y trouvent les diverses qualités qui leur conviennent pour opérer leurs mélanges. Ce qui manque à nos manufactures, c'est la laine du pays améliorée ; et ce qui le prouve, c'est que l'importation des laines fines présente un total de 165,000 kilo, tandis que celui de la laine commune est de 3 millions et demi. Si, au lieu de faire

---

(1) La ville de Castres, par ses beaux cuirs laine, peut paraître au premier rang de l'industrie. Il serait, en effet, difficile de surpasser les beaux tissus des fabriques de MM. Anneveaute et Julien Guibal jeune.

une mauvaise spéculation des troupeaux de Rambouillet et de Perpignan, le gouvernement fournissait gratuitement des béliers pour la monte à des propriétaires soigneux, on verrait, dans peu d'années, la laine du Midi s'améliorer rapidement, et fournir toutes nos fabriques. Pourquoi ne ferait-on pas pour les laines ce qu'on fait pour l'amélioration de la race des chevaux?

Que nous faut-il dans le Midi? faire produire beaucoup de laine, l'améliorer insensiblement et sans frais. Laissons aux grandes fermes du Nord l'avantage d'entretenir de grands troupeaux mérinos; de vastes établissemens, un grand parcours, un climat plus convenable et des bergers instruits, peuvent leur promettre des succès (1).

Je ne mettrai pas en ligne de compte de mes fausses spéculations la culture du colza, des turneps, de la garance, des carottes, et des essais nombreux sur les plantes propres à former de bonnes prairies. Le but d'utilité que je me proposais, doit excuser le peu de profit que j'en ai retiré.

Après tous ces mécomptes, je dois cependant proposer une spéculation; celle-ci sera

---

(1) Voir à la fin une note sur les laines.

du moins sans danger. Ce serait de placer dans chaque métairie, au moment de la récolte, 3o ou 4o dindons, qu'un enfant conduit dans les chaumes et dans les vignes après les vendanges. Vendus dans le carnaval, on double ordinairement le prix d'achat. On trouvera, peut-être, que c'est réduire à peu de chose les spéculations agricoles ; mais je n'ai entendu parler que de celles entreprises avec des maîtres - valets. Il n'en est pas de même avec des métayers à moitié fruits ; on peut alors retirer des profits en laissant engraisser des cochons, des oies et des canards, parce qu'on est sûr que l'intelligence et l'intérêt rendront cette spéculation utile.

Si un riche propriétaire voulait bien mettre en ligne de compte ce que lui coûtent les volailles de sa basse-cour, même les œufs, il trouverait peut-être une grande économie à faire ses provisions aux marchés. Le petit propriétaire, qui reste toute l'année sur son bien, est dans une position différente ; il peut, et doit même, dans son intérêt, essayer toutes ces petites spéculations, surtout si sa femme est habile ménagère. La dame du château doit se contenter de surveiller le beurre, la crème et les œufs frais de son déjeûner.

En terminant ce chapitre des spéculations agricoles , je dois lui donner quelque importance en faisant connaître l'opinion de M. Dombasle.

« L'économie , pour les spéculations agri-
» coles , ne consiste pas à dépenser le moins
» possible , mais à atteindre à un but donné
» avec moins de dépense. L'agriculture pré-
» sente rarement des chances de bénéfices
» considérables. Lorsqu'une entreprise de ce
» genre semble promettre des bénéfices , on
» ne se trompe presque jamais , en suppo-
» sant qu'il existe , à côté des apparences de
» succès , des circonstancecs qui réduiront
» beaucoup les bénéfices. »

» L'agriculture , ajoute M. Dombasle , offre
» une chance presque certaine d'aisance et
» souvent de fortune à l'homme qui agit
» avec prudence. Pour l'homme doué d'un
» caractère entreprenant et impatient du suc-
» cès, la carrière agricole est la plus périlleuse
» de toutes. *Patience et prudence* , telle doit
» être la devise de nos jeunes agriculteurs. »

CHAPITRE 4.

Assolement.

J'ai vu le temps où un bon assolement était toute l'agriculture ; alors le célèbre Arthur - Young menaçait de la corde les agronomes qui auraient fait entrer dans leurs assolemens deux blés consécutifs. Chaque propriétaire, croyant enrichir son pays d'une découverte précieuse, proposait son assolement, et le défendait avec cette chaleur que les amateurs de musique avaient montrée du temps de *Gluck* et de *Piccini* ; alors tout se passait en paroles , quelquefois en injures. Il n'en fut pas de même quand ces discussions firent place aux droits de l'homme et à ses terribles conséquences. Plus tard , des discussions paisibles sur l'agriculture sont venues calmer les passions , et nous faire apprécier cette vie si heureuse de la campagne.

Je crois inutile de soulever de nouvelles discussions sur la préférence à donner à l'assolement triennal, quadriennal et même quinquennal. Il me paraît impossible de donner des règles générales. La variété de notre climat, les qualités si variées de nos terres ,

me semblent exiger un assolement particulier pour chaque commune, chaque domaine, et même pour chaque champ. L'agronome prudent ne doit adopter aucun système exclusif. L'opinion d'un habile agronome servira sans doute à donner de l'importance à ce conseil. Mon honorable collègue, M. *Decamps-Cayras*, dans un mémoire fort intéressant sur les assolemens, s'exprime ainsi : « Sans doute ces
» systèmes sont suivis dans une partie de la
» France. S'ensuit-il de là que nous puissions
» les adopter ? Avons-nous des pluies aussi
» fréquentes ? Les sécheresses désastreuses que
» nous avons ne leur sont-elles pas inconn-
» nues ? Avons-nous surtout, comme dans le
» Nord, des fermiers par état riches, intel-
» ligens, qui cultivent avec persévérance et
» exactitude ? Avons-nous, enfin, de grands
» domaines réunis ? Ne sommes-nous pas,
» au contraire, dans une position tout oppo-
» sée ? Il y a 3o ans, ajoute M. Decamps,
» que je m'occupe d'agriculture ; ce n'est qu'à
» force de persévérance, de patience, de
» fermeté, et en menant une vie très-pénible,
» que je suis parvenu à obtenir quelques
» succès : *les innovations en agriculture coû-*
» *tent fort cher.* »

Après avoir parcouru la même carrière

agricole, je me trouve heureux de me rencontrer, avec des agronomes si distingués, dans la même manière de voir, et dans les conseils que je me permets de donner aux jeunes agronomes.

Un assolement invariable me paraît bien difficile à établir. Un hiver extraordinaire, une sécheresse comme celle de 1832, qui a détruit en grande partie les fourrages artificiels, doivent nécessairement déranger tous les calculs. Un assolement ne peut être qu'une base variable sur laquelle on prépare le moyen d'obtenir le plus de blé possible; car, dans notre position territoriale, c'est sur le blé qu'il faut spéculer, lui seul nous présente des chances à peu près assurées de revenu (1).

Ce principe a sans doute ses exceptions; des localités peuvent présenter une réunion de terres douces, terres d'alluvion, faciles à travailler dans tous les temps; si vous joignez à ces avantages les talens, l'activité, la persévérance de mes honorables collègues, MM. Lacroix, le Blanc, Decamps, etc., on sera certain du succès. Mais ce n'est pas

______

(1) Pourvu toutefois que le gouvernement rapporte la loi désastreuse sur les céréales; sans cela, il faudra suivre le conseil de ce ministre qui répondait à un député qui se plaignait du bas prix des blés, semez autre chose.

à de telles positions que je m'adresse ; c'est à ce grand nombre d'agronomes qui veulent forcer la science à leur donner des résultats certains, sans faire la part du climat et des accidens sans nombre que nous sommes dans le cas d'éprouver.

Assolement des Boulbènes.

Je vais indiquer le mode de culture basé sur un assolement *variable* que j'ai cru devoir adopter, après bien des essais, sur une métairie composée de boulbènes fortes, douces, lises, sabloneuses, terres à seigle dans lesquelles il y a absence totale de terre calcaire. La semence en céréales est de 5o à 55 hectolitres en blé, méteil, seigle. Dans cette métairie, il y a 35 arpens de terres écobuées depuis long-temps.

La récolte de 1832 fut recueillie sur 55 demi-hectares dont :

10 avaient reçu l'amendement du lupin,

 8 avaient produit des vesces noires, fourrage,

 6 sur défrichement de trèfle de 2 ans,

 4 sur défrichement de trèfle d'un an,

 6 sur terres écobuées,

 1 sur farrouch fumé en janvier (1).

(1) Au mois de janvier, quand le temps menace de la pluie, on

2 sur haricots fumés ,

18 sur jachère fumée ,

10 demi-hectares de vieux prés écobués depuis long-temps , semés en avoine d'Automne ,

8 demi-hectares en pommes de terre fumés.

On voudra bien observer que les terres cultivées , sauf quelques boulbènes fortes et les prés écobués, sont d'une qualité médiocre , la valeur ne dépassant pas 400 fr. le demi-hectare.

Voici le résultat de cette récolte , malgré une grande perte éprouvée dans le rendement des gerbes par l'effet du brouillard.

30 demi-hectares terres médiocres en seigle. . . . . 290 hecto.

20 — boulbènes de meilleure qualité , méteil 236

7 — bonnes boulbènes , blé. 70

6 — avoine d'automne . . . 156

Ainsi, le blé a donné 10 semences (1)

---

porte du fumier de la bergerie sur le farrouch, on l'étend , et un mois après on ratisse et on rapporte ce fumier lavé dans la bergerie.

(1) Je dois relever une erreur dans laquelle tombent un grand nombre de propriétaires; ils calculent le nombre de semences obtenues, par le nombre d'hectolitres de blé qu'ils ont semés , tandis que c'est par demi-hectare de terre ; il est , en effet, facile de voir que, si on économisait la semence en semant grain à grain , on obtiendrait un produit en semence extraordinaire.

Le méteil. . . . 12 1/2
Le seigle. . . . 8
L'avoine 26

Je dois cependant observer que, sur des terres si médiocres, quelques soient les soins que l'on puisse donner à leur culture, on ne peut se flatter d'obtenir souvent de si bons résultats, on peut calculer une année sur 10.

D'après cet exposé, il nous sera facile de fixer les élémens qui doivent entrer dans les assolemens des boulbènes.

En fourrage, le trèfle, la vesce noire, le farrouch.

En amendement, le lupin, le blé noir.

Le maïs ne peut entrer dans un assolement de boulbènes, que lorsque la qualité est un peu abâtardie par un mélange de terres fort.

Il est impossible de fixer exactement la quantité de chaque espèce de fourrage qu'on doit semer. Par exemple, pour le trèfle, j'en sème une grande quantité sur les blés ; l'année d'après, je récolte une coupe de fourrage et la graine, et on sème du blé sur une partie défrichée ; mais ce ne sont que les bons champs que je cultive ainsi, les autres ont besoin de l'amendement produit par deux années de trèfle. On objectera la difficulté d'ouvrir un champ de trèfle dans l'été ; mais, si on n'est pas favorisé par quelque orage , on peut attendre les pluies d'automne , et alors , en réunissant tous les bœufs de travail , on donne une façon avec la charrue à versoir , en formant de grandes planches, on passe la herse à couteau de fer en travers , on donne dans le même sens une façon avec l'araire , on passe la herse et on sème. Cette opération peut se faire dans l'espace de deux jointées ; j'ai obtenu ainsi de bien belles récoltes.

Comme je l'ai déjà dit, il faudrait un assolement particulier pour chaque espèce de terre, et même chaque champ. Je vais donner le tableau des divers assolemens que j'ai adoptés pour les trois variétés de terre qui composent le domaine que j'ai cité. Si quelque propriétaire se trouvait dans une semblable position , il pourrait examiner s'il aurait quelque avantage à adopter les assolemens que j'indique.

Assolemens.

Des BOULBÈNES FORTES.	Des BOULBÈNES LÉGÈRES.	TERRES ÉCOBUÉES.
année.	ann.	ann.
1 Blé ou méteil, trèfle.	1 Seigle.	1 Seigle ou mét.
2 Trèfle.	2 Pomm. de terre.	2 Avoine et tréfl.
3 Trèfle.	3 Lupin engrais.	3 Trèfle d'un an.
4 Blé ou méteil.	4 Seigle, trèfle.	4 Seigle.
5 Vesces, fourrag.	5 Trèfle.	5 Sarrasin enfoui.
6 Blé ou méteil.	6 Trèfle.	6 Seigle.
7 Jachère fumée.	7 Seigle.	7 Avoine ou betterave.
8 Blé ou méteil trèfle.	8 Farrouch fumé.	8 Lupin.
9 Trèfle d'un an.	9 Seigle.	9 Seigle.
10 Blé ou méteil.	10 Pomm. de terre, lupin.	10 Avoine et tréfl.

Ces bases établies, la quantité de fourrage semé et les diverses cultures que j'indique dépendront de la facilité qu'on aura eue de préparer les terres. Des pluies trop abondantes ou une longue sécheresse doivent nécessairement modifier tous les plans qu'on peut faire, et l'essentiel est de bien se fixer sur les bases qu'on a reconnues les plus appropriées à son domaine, et de s'en rapprocher le plus qu'on pourra.

L'assolement que je viens d'indiquer ne peut

convenir qu'à des terres de la même nature
que les miennes ; il doit même varier en raison de la réussite des trèfles semés au printemps sur les blés (1).

Assolement des Terres Fort.

La composition des terres désignées sous
le nom de *terres fort* consiste dans une plus
grande portion d'argile que de sable , et dans
la présence de la terre calcaire en plus ou
moins grande quantité ; dans les boulbènes,
au contraire , on ne trouve pas de terre calcaire , le sable se trouve en forte proportion.
Il résulte de ces différences que la marne ,
en fournissant de l'argile en quantité et une forte
dose de terre calcaire , convient parfaitement
aux boulbènes. Pour les terres fort , la gelée ,
la pluie et le soleil suffisent pour diviser les
molécules de l'argile , ce qui n'arrive pas
pour les boulbènes.

Le blé , le maïs , les fèves et l'esparcette ,
comme fourrage , doivent entrer dans l'assolement des terres fort ; mais l'essentiel est de
combiner ces cultures avec les époques de nos

----

(1) D'après ces divers assolemens, chaque espèce de terre reçoit
l'amendement qui lui convient le mieux ; les jachères sont plus
ou moins réduites selon qu'on a pu labourer les chaumes après la
moisson ; j'en ai obtenu de bien grands résultats.

travaux, la sécheresse de nos printemps et les moyens d'exécution. J'ai cru devoir continuer l'assolement que j'ai indiqué dans le manuel, mais avec des changemens qui exigent des explications.

Le succès obtenu par M. le comte de Villèle dans le système de culture suivi à Mourville, me fait un devoir de faire connaître l'assolement qu'il a adopté. Les propriétaires dont les terres sont en rapport avec celles de Mourville, devraient adopter avec empressement un assolement appuyé sur un long succès et une grande autorité.

Je dois citer aussi l'assolement adopté par M. le comte de St.-Félix-Maurémont, avec lequel il a obtenu de brillans résultats (1). Les différences qui existent entre les trois assolemens que je vais citer sont peu de chose, et cependant il est nécessaire de se rendre compte des différences.

---

(1) On peut voir dans le Journal d'Agriculture de Toulouse les grands résultats qu'on peut obtenir de la science et de l'intelligence. M. de St.-Félix a porté dans son agriculture ces grands talens d'administration qui l'ont fait distinguer comme préfet.

ASSOLEMENT de MOURVILLE.	ASSOLEMENT de MAURÉMONT.	ASSOLEMENT D'AUTERIVE.
année·	ann.	ann.
1 Blé et esparcette.	1 Blé et esparcette.	1 Blé et Esparcette.
2 Esparcette.	2 Esparcette.	2 Esparcette.
3 Esparcette.	3 Esparcette.	3 Esparcette.
4 Esparcette.	4 Esparcette.	4 Esparcette.
5 Blé.	5 Blé.	5 Blé.
6 Maïs.	6 Maïs.	6 Blé fumé.
7 Fèves.	7 Légumes fumés.	7 Maïs et betterave.
8 Blé.	8 Blé.	8 Vesce-fourrag.
9 Maïs.	9 Maïs défoncé.	9 Blé.
10 Jachère.	10 Blé et esparcette.	10 Maïs.
11 Blé et esparcette.	11 Esparcette.	11 Jachère et betterave.
12 Esparcette.	12 Esparcette.	12 Blé et esparcette.

Je dois d'abord observer que, dans tous ces assolemens, la durée de l'esparcette, comme fourrage, est réduite à trois ans au lieu de quatre; c'est sans doute une diminution dans l'amendement produit par ce fourrage, mais ces trois années s'accordent mieux avec le retour du blé et du maïs. Dans l'assolement que je suis à Auterive, il y a deux années consécutives en blé après le défrichement d'esparcette. J'ai été amené à ce changement,

toujours par le même motif qu'il faut considérer, dans le Midi, le blé comme la première
de nos ressources. Sans doute, après le défrichement d'esparcette, on est certain d'obtenir
une belle récolte de maïs ; mais la vigueur de
la plante retardant sa maturité, il arrive presque toujours qu'on ne peut nettoyer le champ
de mauvaises herbes, que les semailles sont
retardées ; et, si les gelées arrivent de bonne
heure, la récolte est souvent médiocre. On
blâmera sans doute ce mode de semer blé sur
blé comme contraire aux principes. Voici ce
que dit à ce sujet M. Dombasle :

« Je pense que, dans les assolemens moder-
» nes, on a repoussé d'une manière trop absolue
» la succession de deux récoltes de céréales ;
» il est cependant beaucoup de cas où on peut
» se permettre cette espèce *d'écart* dans un
» assolement de 7, 8 ou 9 ans. »

Si M. Dombasle permet cet *écart* dans le
Nord, où on a tant de ressources pour le succès des récoltes de printemps, il nous en
ferait un devoir dans notre Midi, où le blé et
le maïs sont presque nos seules ressources ;
peut-être même devrait-on semer plus de blé
en diminuant la culture du maïs.

On objectera sans doute qu'avec la sécheresse de nos étés il est difficile de défricher

les chaumes d'esparcette et de blé. C'est sans
doute un obstacle qui peut se présenter comme
en 1832, mais, dans les années ordinaires, il
est bien rare que quelque orage ne vienne
faciliter les travaux nécessaires ; on se sert
alors de l'araire avec le soc pointu qui ouvre
légèrement la terre, et s'il survient une autre
pluie on peut donner un bon labour avec la
charrue à versoir. Au reste, pour obtenir
une belle récolte sur un défrichement de fourrage ou de pré, il ne faut pas donner un
labour trop profond, afin d'éviter la maladie
du *gamat* ; c'est pour le second blé qu'il faut
labourer profondément afin de ramener à la
surface la couche de terre amendée par l'esparcette. L'expérience a prouvé que, pour les
défrichemens, de quelque nature qu'ils soient,
il faut laisser reposer la terre après les premières fortes pluies du mois de septembre.
Il se forme alors une croûte qui donne de la
vigueur aux racines de blé ; il n'en est pas de
même pour les *boulbènes,* on peut les labourer jusqu'au moment des semailles. La différence qui existe entre ces deux espèces de
terre a dû nécessairement amener des changemens dans la manière de les cultiver. Ainsi,
pour les terres fort, les labours avec les plus
fortes chaleurs sont excellens pour détruire

le chiendent ; et , pour les boulbènes , ils ont l'inconvénient de diminuer la vigueur de la terre. C'est par la même raison que , si on a fumé des champs en donnant la seconde façon avec la charrue à versoir , il ne faut donner les autres labours qu'avec l'araire, afin de ne pas ramener les engrais à la surface.

Il résulte encore de ces diverses natures du sol que , pour les boulbènes, il ne faut pas retarder les semailles, afin de semer la terre bien sèche ; et , pour les terres fort, il faut attendre que la terre soit bien détrempée. Il est toutefois des années où l'on n'a , pendant l'automne, que quelques petites pluies ; il faut bien se décider à semer , mais, dans ce cas, et lors même que cette opération serait faite dans une terre bien humectée, il faut, au printemps, passer le rouleau pesant sur les blés semés sur les terres fort ; il est même utile de faire passer après le rouleau le troupeau en masse serrée et rapidement ; de cette manière la terre étant bien tassée, on préviendra la maladie désignée par les paysans sous le nom de *gamat* ou *grauzel.* Cette maladie a une cause fort simple. Si de fortes gelées ont soulevé la terre et qu'on néglige de la raffermir avec le rouleau, s'il survient, au printemps, au moment que le blé va monter en tuyau , un vent d'Autan (sud-est) , très-commun à cette époque , l'air brûlant pénètre aux racines , la terre ayant été soulevée par la gelée , et on aperçoit bientôt les tiges jaunir et se dessécher (1). Si on a semé, la terre bien molle , pour ainsi dire pétrie , la gelée ne peut la soulever , et les racines sont à l'abri. C'est surtout dans les défrichemens de fourrage et de vieux prés que cette maladie est à redouter. Le seigle et l'avoine ne courent pas le même danger.

Avant de terminer ce chapitre , je crois devoir faire connaître deux autres assolemens ; le premier , d'un de nos meilleurs agronomes de Castres , l'autre , de M. le Roi , fermier dans le département de la Moselle.

M. Lanoux , auquel nous devons l'introduction du Soc Lange (voir outils), cultive aux environs de Castres une métairie de 72 demi-hectares. La première année , 36 demi-hectares sont ensemencés en blé , 18 en maïs au printemps , et 18 en vesces noires pour fourrage. L'année suivante, le blé est semé sur les vesces-

____

(1) Cet accident que je viens de signaler semblerait devoir exiger que le blé fût assez recouvert lors des semailles. J'en concluerai que les semailles à la herse ou avec l'extirpaulet pourraient avoir quelque inconvénient. J'examinerai cette question au chapitre des semailles.

fourrage et sur le maïs fumé. Du moment que la folle avoine commence à paraître, il l'a fait arracher, et, si elle devient trop abondante, il a recours à une jachère d'été après le maïs. Un semblable système demande des engrais suffisans pour la moitié des terres ; aussi, M. Lanoux entretient sur son domaine huit paires de bœufs ou vaches, cinq à six jumens, et des cochons. Du moment que les semailles sont terminées, M. Lanoux renvoie ses valets, ne garde qu'un seul homme pour soigner le bétail. Les terres destinées au maïs sont pelle-versées par des journaliers à moitié fruits.

Au mois d'avril, il loue quatre valets, sème le maïs, fait des transports de terre jusqu'au moment de la fauchaison des fourrages. Voilà donc cinq mois de repos pour le bétail, un long séjour dans les étables, ce qui augmente beaucoup les engrais et l'économie de la dépense de quatre hommes. M. Lanoux a obtenu de ce mode de culture de grands résultats. Mais, pour réussir en adoptant un système si extraordinaire, il faut avoir de bons fonds, une activité et une intelligence qu'il est rare de posséder au même degré que M. Lanoux. Ce n'est donc qu'une exception qui ne peut servir de règle.

L'assolement de M. Roi de la Moselle est

bien simple : la première année, colza, la seconde, blé, la troisième, trèfle. Il fauche le trèfle une seule fois ; immédiatement après, il couvre la surface du champ de 18 grosses voitures de fumier ; la seconde pousse de trèfle se fait jour à travers le fumier et devient fort belle ; lorsqu'il est bien en fleur, on l'enfouit pêle-mêle avec le fumier, on passe la herse, et vers le 15 juillet on sème le colza.

Le succès obtenu par M. le Roi avec un semblable assolement prouve, comme je l'ai déjà dit, qu'il ne peut y avoir en agriculture de principe général. Sans doute nous hésiterions à employer une si grande quantité de fumier, et à sacrifier la seconde récolte de trèfle, qui donne souvent, par le produit de la graine, un bénéfice plus considérable que celui du blé. La récolte du colza, si précieuse en Flandre, est casuelle dans notre Midi, où nous avons à craindre les grands vents, les gelées blanches et les rosées du printemps.

Qu'il me soit permis, en terminant ce chapitre des assolemens, d'engager les jeunes débutans agronomes qui croiraient, après avoir bien médité nos nombreux ouvrages sur l'agriculture, devoir adopter un savant assolement, à n'agir qu'avec prudence, et à bien se convaincre qu'ils éprouveront de nombreux mécomptes, s'ils veulent changer le mode de culture du pays, avant d'en avoir bien étudié les inconvéniens.

Il faut surtout ne pas justifier l'épigraphe de cet ouvrage :

> D'un assolement pur malheureuse victime,
> Il lègue à ses enfans la faim pour légitime.

CHAPITRE 5.

Méteil.

On a pu voir, dans les détails que j'ai donnés sur la récolte de 1832, que le produit du méteil avait été bien supérieur à celui du blé. L'importance de cette culture pour les terres boulbènes, dont les récoltes sont si souvent détruites par les mauvaises herbes, me fait un devoir d'en faire connaître les détails.

L'usage de mélanger le blé avec le seigle pour semence est connu depuis long-temps dans le Midi, mais restreint à quelques localités. Le seigle venant en maturité avant le blé, ce mélange avait le grave inconvénient que, pour attendre la maturité du blé, on s'exposait à perdre le seigle au moindre vent d'Autan, et cependant, quand on n'éprouvait pas d'accident, les produits de ce mélange étaient considérables.

C'était avec peine que je me trouvais forcé de renoncer à cette culture, dont je sentais tous les avantages, lorsque j'eus l'heureuse idée d'essayer si du seigle récolté dans les hautes montagnes, semé dans la plaine, ne viendrait pas en maturité plus tard que celui du pays. Le résultat avantageux que j'espérais obtenir de la culture du méteil tenait au succès de cette expérience. Je fis venir du seigle de la région la plus élevée de la montage noire, et je le semai dans une proportion de deux tiers de bladette (blé sans barbe) et un tiers de seigle. J'observai avec soin le moment de la formation des épis, et ce fut avec une véritable satisfaction que je vis le seigle de montagne ne monter en épis que quatorze jours après (1) celui de la plaine. La maturité ne suivit pas la même proportion, il n'y eut que huit jours de différence, mais ce retard fut suffisant pour rapprocher la maturité des deux grains. Je dois observer qu'il est essentiel de mélanger le seigle avec de la bladette moussole, blé sans barbe qui a l'avantage de pouvoir être coupé plutôt que les

---

(1) Cette année, 1834, la gelée du mois d'avril a endommagé fortement les seigles du pays; celui de la montagne que j'avais semé, n'étant pas en épi, n'a point souffert.

autres espèces de blé ; on a pu voir le résultat de cette récolte.

Ce succès ne suffisait pas, il restait une
grande difficulté à vaincre, c'était de faciliter
la vente de ce mélange, qui n'a pas dans les
marchés une valeur relative au blé et au seigle.
J'essayais alors de séparer le blé du seigle, par
le moyen d'un double cylindre en fil de fer
de six pieds de long, établi sur un plan in-
cliné. Les mailles des deux cylindres étant de
grandeur différente, il en résulte que le seigle
et le blé serrés tombent facilemeut sous les
cylindres, tandis que le blé plus gros est conduit par le mouvement de rotation à leur extrémité. Il suffit de repasser lentement le grain
pour voir si quelque peu de seigle a passé avec
le blé, et, dans le cas où il en resterait quelque grain, le seigle en acquiert plus de valeur ;
d'un autre côté, le blé, ainsi épuré et dégagé
de tous les grains serrés, acquiert plus de prix
pour la minoterie.

Indépendamment de ces avantages, la culture du méteil donne un plus grand produit
en grains et en paille. J'ai observé, en effet,
que les tiges de blé, dans les champs de méteil, parviennent à une plus grande hauteur
que celles du blé semé seul. Ce fait me semble
pouvoir être expliqué par la tendance de

toutes les plantes à s'élever vers le soleil. Mais une observation assez curieuse, c'est que si on sème trois ou quatre grains de blé ou de seigle très-rapprochés, ils se nuisent entre eux et ne produisent que des tiges peu élevées et des épis menus. Mais les résultats sont tout différens, lorsqu'un grain de blé est semé a côté d'un grain de seigle ; l'un et l'autre prospèrent et donnent de beaux épis. Il me semble que l'on pourrait conclure de ces observations que chaque espèce ne retire de la terre que les sucs qui lui conviennent. Je dois encore faire connaître un fait intéressant, c'est que, dans un champ de méteil dont la qualité n'est pas la même, on trouve dans les parties légères et médiocres beaucoup plus de tiges de seigle que de blé, et tout le contraire quand la terre est de bonne qualité et un peu forte. Ces observations expliquent encore pourquoi dans un champ de trois demi-hectares, dont le tiers fut semé en blé, un autre en seigle et le troisième en méteil, ce dernier tiers a donné autant de gerbes que les deux autres tiers réunis.

Un des grands avantages du méteil, qui me paraît devoir engager les propriétaires dont le sol est sabloneux à en adopter la culture, c'est qu'il est moins sujet à verser s'il survient des pluies aux approches de la moisson. Il faut encore observer que le seigle , ayant la paille plus forte que le blé et la végétation plus hâtive , s'empare promptement du sol et empêche les mauvaises herbes de croître.

Mais, puisqu'il est positif que le seigle récolté dans les régions élevées des montagnes vient plus tard en maturité que celui semé dans les plaines , ne serait-il pas possible que du blé récolté en Sicile ou à Alger vînt en maturité plutôt que celui de nos départemens ? Si on obtenait huit jours seulement, on aurait moins de chances à courir pour éviter la grêle , le vent d'Autan et le brouillard. C'est une idée que je soumets à mes honorables collègues. Je n'ai pas été heureux dans la démarche que j'avais faite pour me procurer du blé d'Alger.

CHAPITRE 6.

Chardon.

L'extension qu'a acquise , depuis quelques années, la fabrication des draps, dans le Midi, a augmenté considérablement la consommation des chardons. La Providence , en créant cette plante si méprisée , lui a donné une

propriété que la mécanique n'a pu imiter.
C'est en vain qu'elle a cherché à construire,
en fer métallique , ces petits crochets qui
servent à garnir les draps et à leur donner
une certaine consistance. Malheureusement
cette opération use promptement les chardons , qui demandent d'ailleurs d'être employés tantôt neufs , tantôt usés. Cette dépense est considérable ; on peut en juger par
la consommation qui se fait dans mon usine
d'Auterive , et dont la dépense dépasse souvent 8000 fr.

Jusqu'à présent, les fabriques ont fait venir
les chardons de la Provence , surtout des
environs de Saint-Remi , où la qualité en
est supérieure.

On a peine à concevoir comment une culture si avantageuse, puisqu'elle paye la valeur
du capital dans peu d'années , a été si négligée,
notre climat étant plus favorable que celui
de la Provence. C'est cependant une culture,
dont doit s'enrichir le Midi ; elle est toute
simple , sans inconvéniens, et d'un produit
bien avantageux.

Depuis quelques années , plusieurs propriétaires, aux environs de Castres , se sont
mis à cultiver le chardon , et en ont retiré de
grands produits. Je ne saurais trop engager

les propriétaires qui ne sont pas trop exposés à la violence du vent d'Autan à cultiver cette plante en grand ; ils en retireront trois fois la valeur d'une récolte de maïs.

Cette culture est bien simple. Au printemps, on sème la graine de chardon dans un coin de jardin ou de bonne terre, de contenance d'une mesure. On a soin d'éclaircir et de sarcler ce semi comme pour le colza. Au mois de septembre, après avoir bien préparé les champs, dont on a retiré la récolte de blé, on plante les plants de chardon dans le même genre que les plants de maïs. On choisit pour cette opération un temps sombre, surtout s'il y a apparence de pluie. Pendant l'hiver, cette plante n'exige aucun travail. On la travaille au printemps, et quand les chardons sont devenus jaunes, on les coupe sur la tige, en laissant deux pouces de queue. On les fait sécher et on les pose au galetas, et quand on les vend, il faut les enfoncer dans de grosses futailles, faites grossièrement avec des planches de sapin, très-minces, de peu de valeur, et garnies de quelques mauvais cercles de futailles. Ces chardons établis par couche, la queue toujours en bas et bien serrée, se conservent parfaitement.

Cette plante se plaît dans tous les terrains,

comme on peut en juger par le chardon sauvage , dont on a de la peine à se préserver. Cette espèce ne convient pas aux fabriques, vu la direction des crochets.

Sans doute les gros chardons ont leur utilité , mais on préfère cependant ceux de grosseur moyenne dont les crochets sont bien égaux. Il faut même, pour les draps légers et fins , des chardons dont les crochets soient simples. Notre partie du Sud-Ouest pourrait tirer un grand parti de cette culture ; elle convient parfaitement à notre climat, à nos assolemens, et on est certain d'en avoir un débit facile.

CHAPITRE 7.

Engrais.

Les nouveaux systèmes d'agriculture exigeant beaucoup d'engrais, les savans se sont occupés d'augmenter nos ressources en ce genre. La chimie et la minéralogie ont fait à cet égard des découvertes importantes. La chaux , le plâtre, la suie , la marne , ont été employés avec succès sur certaines qualités de terres. On a mélangé les engrais de diverses natures , on les a même desséchés de manière à les réduire en poudre ; mais ces diverses préparations sont à un prix trop élevé comparativement à leur effet ; et en bonne et utile agriculture, il faut augmenter ses engrais à peu de frais. On peut voir, dans le Manuel, des détails sur ce sujet.

Engrais végétaux, comme Amendement.

L'amendement produit par la culture des fourrages artificiels, tels que la luzerne, le sainfoin ou esparcette, et le trèfle de Hollande, est sans doute la base de tous les bons systèmes d'agriculture. Les grandes ressources qu'ils fournissent pour la nourriture des bestiaux ont permis de défricher les vieilles prairies ; on a pu obtenir ainsi de grands produits en grains, et former de bons assolemens. C'est donc à l'introduction des fourrages artificiels dans notre système de culture, que le Midi doit l'accroissement de ses produits agricoles.

Les engrais végétaux que fournit l'enfouissement des plantes sont d'un grand effet, et cependant cet amendement si précieux et si économique est trop négligé.

La vesce noire pour fourrage peut être considérée comme un léger amendement, quand on la sème avant l'hiver, et qu'on a le soin de la faucher avant que la graine soit un peu formée. Dans les bons fonds, ce fourrage acquiert, au printemps, un luxe de végétation qui fait qu'à la moindre pluie, malgré le 10.e d'avoine qu'on a mêlé avec la graine, toutes les tiges se couchent; les parties basses jaunissent, et quand on fauche le fourrage elles restent sur le sol, et fournissent ainsi un engrais végétal avantageux si on a le soin de labourer le champ au fur et à mesure. On ne saurait trop cultiver cet excellent fourrage qui s'accorde si bien avec nos divers assolemens(1).

J'ai éprouvé de bons résultats du blé noir semé à la fin de février, et enfoui quand la plante est bien en fleur. C'est surtout aux boulbènes douces que cet amendement convient.

Les fèves, les vesces noires, le seigle enfoui lors de la floraison, produisent de bons effets, mais ils ne sont pas en proportion de la dépense. J'y ai renoncé.

Mais de tous les engrais végétaux, aucun n'est comparable à l'amendement produit par le lupin. Les grands résultats que j'ai obtenus me font un devoir d'appeler l'attention des agronomes sur cette plante précieuse. D'ail-

------

(1) Il y a bien long-temps que M. le marquis Descouloubre a défriché tous les prés qu'il avait dans la belle terre de *Vieille-Vigne* où il sème 400 hectolitres de blé. Tout le bétail nécessaire à cette exploitation est nourri avec les vesces noires produites par 60 arpens de ce fourrage.

leurs s'il faut, pour qu'on adopte avec confiance une nouvelle culture, que le temps en ait consacré les avantages, le lupin peut être cité en première ligne, puisque les romains l'employaient pour l'amélioration de leurs terres ; Caton et Columelle le citent avec éloge.

Lupin.

Il existe cinq variétés de lupin, mais c'est celui à fleurs blanches qu'on doit préférer. Les qualités de terre qui conviennent à cette plante sont les boulbènes sabloneuses, terres *lises*, propres au seigle, surtout celles où l'on cultive avec succès les pommes de terre. La propriété du lupin est de fournir au sol, par la décomposition de ses tiges, une portion d'humus plus considérable que celle des autres végétaux. On le concevra facilement, si on observe la hauteur extraordinaire des tiges et les nombreux bouquets des branches.

Les ouvrages d'agriculture ne donnent que 16 a 20 pouces de hauteur au lupin ; cependant, sur nos terres de qualité médiocre, j'ai obtenu presque chaque année des tiges de 4 pieds de hauteur, j'en ai même présenté à la Société d'Agriculture de Toulouse de 5 pieds de haut. Cette différence dans la végétation de la plante tient peut-être à la faculté que nous avons de pouvoir semer le lupin avant l'hiver , et j'ai, en effet , observé qu'en le semant au printemps , même au commencement de Février, il y avait une grande différence avec celui semé au mois de Septembre.

Voici le mode de culture que je suis :

J'ai toujours trouvé un grand avantage à semer le lupin après avoir arraché les pommes de terre ; l'extraction des tubercules ameublit parfaitement le sol. Il suffit de donner un seul labour avec l'araire ; on passe une herse légère, et on sème la graine de lupin à raison de deux tiers d'hectolitre par contenance de terre où on semerait un hectolitre de blé ; il faut recouvrir la graine bien légèrement , soit avec une herse , soit avec un fagot d'épines. Pendant l'hiver la végétation est lente ; la plante résiste à six et sept degrès de froid ; aux premières pluies du printemps, elle s'élève rapidement, se garnit de nombreux bouquets assez semblables à ceux du marronnier, et couvre le sol de manière à ce qu'on ne puisse y pénétrer qu'avec peine ; il paraîtrait même que l'ombre du lupin détruit les mauvaises herbes, même le radis sauvage, et rend le sol parfaitement net.

Au mois de Juin , quand on s'aperçoit que

les fleurs du bas des tiges commencent à passer,
il faut profiter de la première pluie pour procéder à l'enfouissement ; il y a deux moyens
de faire cette opération : l'un consiste à faire
arracher les tiges par des femmes , travail
facile, puisque le lupin n'a qu'une seule racine
pivotante. A mesure qu'on les arrache, les
femmes les placent couchées dans une forte
raie faite avec la charrue à versoir ; une autre
charrue , ouvrant une nouvelle raie à côté,
recouvre la première. Cette méthode est sans
nul doute fort-bonne, mais elle entraîne des
frais de journaliers L'autre moyen, plus économique , et que j'ai adopté, consiste à faire passer sur le champ de lupin une échelle de char-
rette chargée d'une grosse pierre ; la plante,
grasse de sa nature, se couche sans difficulté,
et on peut alors l'enfouir aisément. On conçoit
très-bien quel est l'effet d'un amendement formé
par la décomposition d'une masse si considérable de plantes ; aussi, se fait-il sentir plusieurs
années, il donne même la facilité de substituer la culture du méteil à celle du seigle.
Ce n'est qu'aux approches des semailles qu'on
donne une façon avec l'araire en travers du
labour de l'enfouissement, et on est fort surpris de ne trouver aucun vestige des plantes;
toutes ces tiges sont converties en humus. Avec

un si puissant engrais, on peut semer du méteil sur les terres légères, et du blé sur les terres plus fortes.

Pour récolter la graine, il faut attendre que les gousses soient jaunes ; on arrache alors les tiges, on les bat sur le sol même ; les débris en paille, assez considérables, sont étendus sur le champ qui la produit, et au moment des semailles on y met le feu, en y ajoutant, si les localités le permettent, quelques fagots de genets ou de fougère sèche. De cette manière, on n'aperçoit pas de différence dans la récolte. Au reste, la Providence, si admirable dans ses prévisions, en donnant une végétation si extraordinaire à cette plante, ne lui a donné, comme je l'ai dit, qu'une seule racine pivotante ; c'est donc de l'atmosphère qu'elle doit recevoir sa nourriture.

Tous les essais que j'ai faits pour utiliser la graine n'ont pas donné d'heureux résultats, quoique macérée dans l'eau courante pendant vingt-quatre heures. Cependant, après l'avoir fait bouillir et macérer dans l'eau, on peut l'employer à petites doses dans les maladies des troupeaux connues sous le nom de pourriture (1).

____

(1) C'est à l'un de nos artistes vétérinaires les plus distingués

Au reste, cette amertume, qui se trouve aussi dans les feuilles, les préserve de la dent des moutons et des cochons.

Il serait bien à désirer que les propriétaires de boulbènes douces et sabloneuses voulussent bien faire usage de ce puissant engrais, si facile à employer et si bon marché. C'est encore un bon amendement pour les vignes, dans les plaines, sur des terres peu compactes. On peut voir sur cet objet, à la fin de l'ouvrage, une lettre de Lunel.

CHAPITRE 8.

Engrais — Animaux.

J'ai donné en détail, dans mon Manuel, les soins qu'un agronome doit apporter dans la tenue des divers engrais qu'il doit pour ainsi dire créer.

Ainsi, il doit former un grand tas de fumier pour les céréales, qu'il fera transporter trois et quatre fois par an.

Un dépôt de pailles pourries à l'entour de la métairie, mélangées avec des gazons et une

M. Rey, de Castres, que l'on doit la guérison des moutons affectés de la pourriture, au moyen d'un traitement dans lequel il fait un grand usage de lupin en graine.

couche de chaux par intervalle, servira pour les prairies.

Un autre dépôt de terreaux formés avec des gazons, du fumier grossier, des boues des chemins et quelques couches de fumier de cochon, formera l'engrais des provins. Venons au parcage des troupeaux.

Parcage.

Le nombre des propriétaires qui ont adopté la méthode de parquer n'est pas considérable. J'ai suivi long-temps ce mode d'amender mes champs, mais la difficulté de trouver des bergers qui voulussent s'astreindre aux soins du parcage, les inconvéniens des orages, en définitive, le surcroît de dépense, m'ont décidé à l'abandonner. D'ailleurs je n'étais pas bien convaincu qu'on dût donner la préférence à cet amendement, sur l'augmentation de fumier que procurerait la paille pourrie dans la bergerie. Cette opinion, qui n'était cependant établie sur aucun fait, se trouve conforme à celle que vient d'émettre M. Dombasle :
« Ma bergerie, nous dit ce savant agronome,
» fournit annuellement 800 voitures de fumier
» de quinze à seize quintaux de cinquante
» kilogrammes. En 1830, la rareté de la paille
» réduisit ce nombre à 400 ; il est vrai que

» j'avais fait parquer (avec 900 têtes après
» l'agnelage) , et je me suis aperçu que
» l'amendement qui résulte du parcage ne
» compense pas le déficit qu'il occasionne sur
» la masse des fumiers.

M. Dombasle s'est occupé à connaître la
quantité de fumier produit pendant une année
par divers animaux. Il serait difficile d'établir
dans le Midi nos calculs sur ces mêmes résultats, la quantité d'engrais dépendant plus ou
moins de la récolte de paille dont on peut dis-
poser, des soins que les métayers apportent
à la tenue du tas de fumier, enfin, du nombre de fois qu'on les transporte sur les champs.
On conçoit, en effet, qu'avec la chaleur de notre
climat, si on laissait, toute l'année, les fumiers
en tas, la fermentation qui en résulterait en
diminuerait la quantité d'un tiers ; aussi, je
crois avantageux, comme je l'ai dit dans le
Manuel, de transporter les fumiers au moins
trois fois dans l'année, et, dans les intervalles,
de les faire couvrir d'une couche de terre , de
mélanger entre elles les diverses espèces d'engrais. Dans cette position, il est intéressant de
connaître les résultats signalés par M. Dombasle ·

deux bœufs ou vaches
donnent par an . . . . . 40 char. de 15 quint.

Cochons, par nombre
variable de 15 à 3o. . . 38
  Un cheval. 25
  Deux mois parcage,
900 têtes moutons et
brebis 764

Lorsqu'on ne parque pas, on obtient un peu plus d'une voiture de fumier par bête à laine.

Les chevaux de Rosville sont nourris avec dix kilogrammes de luzerne sèche, et autant en valeur en grains ou carottes, c'est-à-dire vingt kilogrammes de foin par jour.

Chaque cheval produisant vingt-cinq charrettes de fumier, il en résulte que cent kilogrammes de fourrage produisent 222 kilogrammes de fumier.

La ration d'une bête à laine est évaluée à un kilogramme de foin par jour, ou l'équivalent en racines ou en nourriture aux paturages ; c'est donc 365 kilogrammes par année qui produisent 600 kilogrammes de fumier.

Nous ne dépensons pas, à beaucoup près, autant de fourrages qu'à Rosville pour la nourriture de nos troupeaux. Nous devons cet avantage à notre bonne paille, à la feuillée, et surtout à notre beau climat qui nous permet de les faire dépaître dans nos champs.

Je dois encore faire connaître une observation curieuse de M. Dombasle. Il établit le principe que la quantité d'alimens nécessaires au soutien de la vie, dans les races d'animaux, est exactement proportionnelle à la pesanteur de leurs corps ; ainsi , un mouton mérinos pesant 100 livres à jeun a besoin de 3 livres 2/5 de foin.

Depuis quelques années , plusieurs propriétaires du Midi cultivent la betterave, la carotte et la pomme de terre pour nourriture du bétail et pour l'engrais des moutons. Je suis dans l'usage de donner deux rations de racines à mes vaches laitières , mais l'expérience m'a prouvé que la bonté du lait et l'augmentation de la crême tenaient à une addition de farine d'ers avec du son.

Ce sujet me conduit à faire connaître quelques résultats intéressans des nombreuses expériences de MM. Dombasle et Thaër ; ils serviront à guider les agronomes qui s'occupent d'engraisser des bœufs et des moutons.

Pour égaler en faculté nutritive 100 *liv. Luzerne sèche ;*	
Selon **M. DOMBASLE.**	Selon **M. THAER.**
Il faut :	
En Tourteaux de lin. .	31 liv. 1/2	»
En orge	25	»
Avoine	37 1/2	»
Pommes de terre crues.	105	200 livr.
Pomm. de terre cuites.	88 1/2	»
Betteraves de Silésie. .	120	460
Carottes	172	266

Pour obtenir cent livres de graisse de huit moutons, il faut leur donner 336 livres de foin, 366 livres pommes de terre, 168 livres tourteaux de lin et treize onces 1/2 sel.

Si on supprime le sel, il faut quatre livres 3/4 de foin de plus.

Huit moutons engraissés à Rosville avec 336 livres de foin et 814 livres de betterave de Silésie, ont donné cent livres de graisse dans un temps plus court qu'avec les pommes de terre et les tourteaux, ce qui prouve que c'est la meilleure manière d'engraisser les moutons et la plus simple. Il faut donc cultiver des betteraves.

En terminant ces curieux essais, je dois observer que les expériences de ces savans

agronomes ont été faites sur des moutons mérinos, et nous savons maintenant, du moins
dans le Midi, que cette race s'engraisse moins
facilement que celle du pays. Dans nos foires,
les moutons mérinos ont une valeur d'un franc
moindre que ceux du pays.

CHAPITRE 9.

Engrais. — Minéraux.

Le plâtre, la chaux et la marne sont les
engrais de ce genre dont nous puissions faire
usage ; la suie et les cendres, si utiles pour les
prairies, sont en trop petite quantité pour être
employées comme amendement.

Pour la marne, qui n'est qu'une variété de
terre contenant beaucoup de calcaire, je ne
donnerai pas des détails sur cette amélioration,
si importante quand on a des terres qui lui
conviennent. On trouve, dans le journal publié
par la Société d'Agriculture de Toulouse, d'excellens mémoires sur la manière d'employer la
marne comme engrais.

Chaux.

Quant à la chaux, dont les Anglais se servent
comme engrais pour leurs terres, je ne peux
donner aucun résultat satisfaisant ; j'ai fait plu-

sieurs essais dans ce genre , mais sans succès , soit que cela tînt à la qualité des terres , soit que cela dépendît de la quantité de chaux employée.

Le mode que j'ai employé est le même que celui dont on fait usage en Angleterre. On forme , dans un champ bien préparé pour être ensemencé en blé , des tas de chaux en pierre de vingt à vingt-cinq livres , arrangés en forme conique , et qu'on recouvre légèrement de terre. De cette manière, la chaux se trouve éteinte insensiblement , et acquiert beaucoup plus de volume. Au moment des semailles , on étend les tas , par un temps calme , et on laboure immédiatement avec l'araire.

Lors de la récolte , cette partie du champ chaulé ne donne pas la moindre différence avec le reste du champ.

Mais ce peu de succès ne doit pas décourager les agronomes ; il ne s'agit que de se fixer sur la qualité de terre qui convient à la chaux , et sur la quantité de chaux qu'il faut employer.

A plusieurs lieues aux environs de *Cramaux* (*près d'Albi*) , les grands comme les petits propriétaires forment des fours à chaux en plein air. Ils calcinent la pierre à chaux avec la *charbonille* (poussière de charbon) , qui leur coûte moins que le charbon , et chaque vingt-quatre heures ils retirent de la partie inférieure des fours, de vingt à trente quintaux de bonne chaux; la voûte s'affaisse et on la recharge avec la pierre calcaire.

La quantité de chaux nécessaire à un demi-hectare varie depuis quarante quintaux jusqu'à trois cents. Il y a des propriétaires qui ont obtenu, aux environs de Cramaux, avec cette forte dose, des résultats extraordinaires, et l'amendement était encore dans sa force après dix années de chaulage. J'ai le projet de me livrer à des essais comparatifs, calculés en raison des prix du charbon et de la chaux.

Plâtre.

Les bons effets du plâtre sont si constatés, qu'il est impossible de ne pas en faire usage si on veut avoir des fourrages artificiels. Depuis quelque temps, les agronomes se servent indifféremment du plâtre cru ou cuit. L'économie qu'il y avait à employer le cru me l'avait fait adopter; mais, depuis quelques années, je me suis aperçu que les effets du plâtre, comme amendement, n'étaient pas si sensibles qu'auparavant; j'en ai recherché les causes, et j'ai cru les trouver dans un mélange frauduleux de sable et de craie. Je suis alors revenu à l'usage du plâtre cuit, et, pour être certain qu'il n'y avait pas de fraude, j'en fis faire l'essai en le délayant avec de l'eau. S'il durcit, c'est une preuve qu'il est cuit et pur. Il est vrai que ce plâtre augmente la dépense d'un tiers ; mais une économie de ce genre est un mauvais calcul. Au reste, quelque plâtre qu'on emploie, il faut laisser dans chaque champ une petite partie sans plâtrer. C'est un moyen de s'assurer si cet amendement convient à la terre.

Écobuage.

Le procédé du défrichement des prairies par l'écobuage ayant été présenté dans mon Manuel comme base principale du système d'agriculture que je suis, je dois faire connaître les résultats d'une méthode critiquée par quelques agronomes et prônée par d'autres, principalement par les Anglais, qui en font usage depuis long-temps. *Arthur-Young* considère l'écobuage comme un des plus puissans amendemens connus. En usage dans nos montagnes du Tarn et dans la chaîne des Pyrénées, c'est à cette méthode si fertilisante que ces pays doivent leurs produits agricoles. Comment se fait-il qu'elle soit encore si peu suivie dans les plaines ? Quelques agronomes, tout en convenant des grands résultats qu'on obtient, ont la crainte qu'après un grand nombre de récoltes consécutives la terre ne devienne infertile, la partie d'humus produite par le feu ayant été, disent-ils, absorbée promptement, ce qui n'arrive pas quand on défriche des prés avec la charrue. Ce raisonnement paraît spécieux; mais en agriculture c'est à l'expérience qu'il faut en appeler.

Ce fut en 1809 que je commençai mon système d'écobuer de vieilles prairies; depuis lors, ces champs n'ont reçu qu'une seule fois des engrais, et ont constamment été cultivés en seigle, avoine, cameline ou raves, et toujours avec un succès qui ne s'est pas démenti. Pour en donner une idée, je citerai qu'en 1832, six demi-hectares ont donné 156 hectolitres d'avoine; et, en 1833, cinq demi-hectares ont donné 135 hectolitres; l'un dans l'autre, c'est vingt-sept par demi-hectare; calculé à huit francs l'hectolitre, ce serait, quitte de semence, 208 francs de revenu brut. Les mêmes onze demi-hectares, quand ils étaient en prairie, donnaient, année commune, de vingt-cinq à trente-deux quintaux par arpent, ce qui, à raison de deux francs le quintal, formait un revenu brut de soixante à soixante-quatre francs; la dépaissance couvre les frais, et, pour l'avoine, la paille paye bien les frais des labours.

Ces résultats prouvent que le sol n'a pas
été appauvri, et, comme le trèfle réussit
fort bien sur ces terres, on a un moyen
bien simple de les amender après dix années
de récoltes consécutives ; de plus, ces sortes
de terres, étant divisées par les cendres de
l'écobuage, donnent la facilité de les labourer
en tout temps.

Le seul inconvénient que je trouvais à cette
opération, c'était de ne pouvoir semer du blé sur
ces terres rendues trop légères par les cendres.
Cela m'a amené à étudier la composition
des couches inférieures, et j'ai trouvé que
le rehaussement du sol, par l'effet de la
décomposition des plantes et des dépôts des
irrigations, avait sept pouces de hauteur. En
dessous, se trouvait une couche épaisse de
boulbène forte, savoneuse, sans présence de
calcaire, retenant l'eau comme l'argile la plus
forte. Ces observations m'ont conduit à essayer
de défoncer cette terre d'après la méthode
que j'ai indiquée, en réunissant le travail
de la bêche à deux pointes avec la charrue. De
cette manière, j'ai ramené à la surface un
quart de la couche inférieure, et j'ai opéré
un mélange parfait. Ce défoncement recevra,
cette année, des pommes de terre, afin d'ameu-
blir mieux le sol, et sera semé, en automne,

en avoine et grande luzerne. Si cette opération réussit, on obtiendra ainsi une longue série de récoltes sur la terre écobuée.

Des propriétaires des environs de Castres retirent de cette excellente méthode de l'écobuage des résultats qu'il est bon de connaître. L'été qui précède l'époque de la coupe d'un bois, ils font enlever le gazon, le font sécher, et forment les fourneaux. A mi-Octobre, ils coupent le bois ras de terre et le transportent en dehors. Ils sèment alors le seigle, en le recouvrant légèrement. Ils obtiennent ainsi dix, douze et même quinze pour un. Après la moisson, on travaille légèrement la terre avec l'araire ; on attache en faisceau les pousses des chênes, et on sème encore du seigle ; cette seconde récolte est encore fort belle, et la végétation du bois acquiert plus de vigueur. J'ai vu encore tirer un grand parti des clairières de bois en les écobuant, on donne alors le travail à moitié fruit. Voilà donc un nouveau moyen de tirer encore plus de produit des bois, et cela en facilitant leur végétation.

Ce sujet m'amène à rendre compte d'une opération que j'ai faite dans un domaine que je possède dans le Lauragais, aux environs de Puilaurens. Je venais de faire couper un bois de six arpens. Immédiatement après le

transport des bûchers, je fis transporter avec
des tombereaux le gazon et la tranche de terre
que pouvait enlever la bêche à deux pointes;
ces transports couvrirent une surface de six
arpens. Le terrain applani, et les gazons
ameublis par quelques labours, je fis semer
du maïs qui fut fort beau, et, après la récolte,
ce champ semé en blé donna douze pour un.
Pendant six années, ce champ a été cultivé
en blé et maïs, et après il a été soumis à
l'assolement général blé, maïs, vesces-four-
rage. Mais un résultat remarquable, et qui
surprit beaucoup les voisins qui avaient blâmé
cette opération, fut qu'on s'aperçut que la
végétation des pousses du taillis avait été très-
vigoureuse, et que les feuilles étaient d'un
vert plus foncé. La dépense supplémentaire
au travail du maître-valet fut de 208 francs.

L'explication de ce fait me paraît facile à
donner. On peut, en effet, observer dans nos
bois, que le sol est garni d'une mousse épaisse
qui empêche l'eau de pénétrer dans la terre. Si
le bois est en pente, l'eau glisse sur la mousse,
et les racines des arbres souffrent beaucoup
de la sécheresse des étés, ce qui nécessairement doit arrêter leur croissance. Un fait va
venir à l'appui de cette opinion. Il y a à-peu-
près vingt ans qu'ayant planté une belle avenue

en chênes , on déposa aux pieds de quelques-
uns un amas de cailloux enlevés d'un champ
semé en trèfle. Dix ans après, recherchant les
causes de la différence très - marquée de la
végétation de ces arbres plantés à la même
époque , j'observai que ceux aux pieds desquels
on avait déposé les cailloux avaient acquis une
grosseur presque double des autres. On conçoit,
en effet, que les cailloux, laissant pénétrer l'eau
de la pluie aux racines de l'arbre , les préserve
de la sécheresse, dans l'été la chaleur du soleil
ne pouvant pomper l'humidité. Je me suis servi
avec succès de cette méthode pour les arbres
forestiers ; aussi, je suis convaincu qu'on pourrait assurer les plantations des dehors des villes,
en garnissant le pied des arbres d'une masse
de cailloux. Ce serait d'ailleurs une économie
de travail.

Au sujet des plantations et des choix à faire,
je me permettrai d'appeler l'attention des agronomes sur l'ypréau. Planté la même année que
des peupliers d'Italie , cet arbre acquiert, dans
un laps de temps de vingt-deux ans, un diamètre
double de celui du peuplier d'Italie. Je croirais
encore qu'on devrait ne pas négliger l'acacia,
si prôné il y a vingt ans. Sa croissance rapide,
même dans des terrains médiocres , devrait
faire révoquer le discrédit dans lequel cet arbre

est tombé, surtout à présent qu'on l'emploie, avec un grand succès, pour le charronage et pour les échalats des vignes. Le platane, dont le bois n'offre pas la même utilité, ne doit pas aussi être dédaigné, si on considère l'ombrage qu'il procure et sa durée (1); mais, pour qu'il atteigne une grande beauté et donne beaucoup d'ombrage, il faut l'étêter à une assez grande hauteur (2).

CHAPITRE 10.

FOURRAGES.

Luzerne, Esparcette, Trèfle, Vesces noires, Farrouch.

La culture de ces fourrages ayant été traitée en détail dans mon Manuel, je me contenterai d'indiquer succinctement la culture de chacun d'eux, d'après les légers changemens que j'ai cru devoir adopter.

---

(1) J'ai visité, en Grèce, dans l'isle de Cos, un platane qui compte plus de deux mille ans d'existence. On peut en voir le dessin dans le voyage pittoresque de la Grèce du Cte de Choiseul.

(2) Si on en avait eu soin à l'allée St.-Etienne, à Toulouse, on aurait une allée magnifique.

Grande Luzerne (1)

La grande luzerne de Paris , improprement appelée sainfoin aux environs de Toulouse, est sans contredit le premier des fourrages, en ce qu'il peut se faucher plusieurs fois et durer dix à douze ans. Les fonds substantiels , les bonnes boulbènes , et surtout les terres bâtardes, sont les sols qui conviennent le mieux à ce fourrage. Aux environs de Toulouse, il réussit fort bien dans les terres graveleuses de bonne qualité.

Si on peut défoncer le terrain d'après ma méthode, ou même avec une forte charrue attelée de deux paires de bœufs , ce sera bien préparer le sol , cette plante ayant une longue racine pivotante. Vers le printemps , on fume, et on recouvre le fumier avec la charrue à versoir, on passe la herse. Vers la fin de Mars, on passe sur le sol une échelle de char-rette , on forme de grandes planches avec la charrue à versoir, on émotte , on repasse la herse et on sème la graine, en y ajoutant cinq fois autant de sable ; on recouvre avec la

---

(1) Il serait bien à désirer que l'on s'entendît sur les noms des fourrages; la luzerne devrait garder son nom ; et ce qu'on appelle luzerne, dans nos campagnes , devrait s'appeler esparcette ou sainfoin.

herse légère ou avec des rateaux. Il faut avoir
le soin de bien creuser les raies d'écoulement.
L'année d'après, il faut sarcler les luzernes et
plâtrer. Si on s'aperçoit que la chenille
noire attaque le fourrage, il faut s'empresser
de le faucher quelque peu de hauteur qu'il
ait. Cette opération délivre des chenilles.

Si après huit à dix ans on s'aperçoit que
l'herbe s'empare du champ de luzerne, il
faut labourer avec l'araire, armée d'un soc
pointu bien aiguisé, et à raies assez rapprochées. De cette manière, on détruit l'herbe,
et on obtient encore pendant plusieurs années
de belles récoltes.

Esparcette ou Sainfoin.

C'est encore improprement que l'on donne
le nom de luzerne à cet excellent fourrage.
Les terres qui lui conviennent sont les *terres
fort*, terres calcaires, les côteaux qui ont du
fonds. Semé sur une terre défoncée, il produit
beaucoup. Je suis dans l'usage de semer trois
hectolitres de graine par demi-hectare ; j'y
ajoute de quatre à six livres de luzerne, autant
de trèfle et quelques livres de trèfle jaune ; de
cette manière, la première année on obtient un
fourrage très-épais, et, après, l'esparcette prend
le dessus. C'est dans les premiers jours de Mars

que je sème l'esparcette, et je fais passer immédiatement le rouleau pesant pour serrer la terre. Quelques personnes se trouvent fort bien de semer l'esparcette sur les maïs, à la seconde façon. On a à craindre les étés trop secs sur les terres médiocres. Si on veut être certain que l'esparcette réussisse, il faut semer la graine au mois de Septembre avec de l'avoine.

Ce fourrage est excellent pour réparer les vieilles vignes épuisées, mais alors il faut avoir le soin de faire peu rapporter aux souches, en les taillant très-court.

Trèfle de Hollande.

Nous avons vu que l'esparcette convient parfaitement aux terres que nous avons désignées sous le nom de *terres fort*. Voici un excellent fourrage que la nature a destiné aux terres *boulbènes*, terres bâtardes, alluviones et bas-fonds. Le trèfle réussit parfaitement dans les terres fraîches ; on a la certitude du succès, en le semant avec de l'avoine au printemps ; mais il convient mieux, pour utiliser les jachères, de le semer sur les blés. Je me suis bien trouvé de semer quinze livres de graine immédiatement après les semailles de blé, et au mois de Mars d'en ressemer encore dix livres.

Cet excellent fourrage étant difficile à faire
sécher, il faut en consommer en vert autant
que possible ; si on en a en abondance, voici le
moyen que je conseille : on fauche, chaque
jour, le double de la quantité dont on a besoin
pour son écurie, on le laisse sécher tant que le
temps est beau ; mais, à la première apparence
de pluie, on rentre tout le fourrage plus ou
moins sec dans un hangar, en se servant
de la partie destinée pour les bestiaux ; on
recommence à faucher ; de cette manière, on
ne craint pas de perdre le fourrage, et, si
on a une belle semaine, on peut enfermer le
trèfle bien sec.

Depuis un certain nombre d'années, la graine
de trèfle est devenue un objet d'exportation
pour les États-Unis et l'Angleterre. Quand le
prix est assez élevé, le produit d'un champ
de trèfle est supérieur à celui qu'on aurait
retiré du blé, et on a eu la première coupe
de fourrage. Malheureusement la fraude s'est
introduite dans ce commerce, en mêlant du
sable grené avec la graine de trèfle, ce qui en
augmente le poids.

Quant à la manière d'égrener le trèfle,
les uns font battre le fourrage sec sur l'aire
avec le fléau ou par des chevaux ; de cette
manière, on éprouve une perte considérable ;

d'autres font faucher le fourrage, en enlevant les parties les plus grossières, et font égrener au moulin à huile. Cet usage est devenu presque général, quoiqu'il ne préserve pas de la cuscute, plante parasite dont le chevelu détruit promptement un champ de trèfle. Quand on s'aperçoit de ses ravages, il faut arracher tous les plants, enlever le chevelu, et interrompre la communication avec les plantes de trèfle. Pour éviter ce grave inconvénient, je fais ramasser, à la main, par des femmes, au prix de trois liards par livre de gousse, la graine qui m'est nécessaire, et je la fais égrener au moulin à huile ; de cette manière, on évite la cuscute.

La seconde année, on récolte le fourrage, et on défriche immédiatement après pour bien préparer la terre pour le blé ; mais il faut alors sacrifier la récolte de grain. Voici le parti que j'ai adopté : je ne défriche, après la première coupe, que les trèfles récoltés sur des champs de qualité médiocre ; mais, pour ceux sur bons fonds et où le trèfle aura bien réussi, je récolte la graine qui, comme je l'ai déjà dit, vaut la récolte de blé. Ici se présente la difficulté de défricher ces trèfles au mois d'Août avec nos longues sécheresses. Je suis cependant parvenu à y rémédier. S'il

survient quelque fort orage, on laboure avec
la charrue à versoir ; si la pluie n'est entrée
qu'à quelques pouces, il faut se servir de l'araire;
et, s'il survient un autre orage, on donne une
façon avec la charrue à versoir, on passe la
herse à couteau, on redonne une autre façon
en travers, et on passe la herse. De cette époque aux semailles, on prépare bien la terre;
mais, s'il n'est pas survenu d'orage jusqu'à l'é-
poque des semailles, il ne faut pas renoncer
à semer. On attend patiemment quelque bonne
pluie d'automne, et alors, quand la terre est
bien détrempée et que le temps est au beau,
on réunit toutes les paires de bœufs de ses
métairies ; on commence le matin par donner
un labour avec la charrue à versoir, on passe
au fur et à mesure la herse à couteau, et on
donne un labour en travers avec l'araire, afin
de ne pas ramener les dépouilles du trèfle à
la surface ; on passe, après, l'échelle de char-
rette ou *rossé*, et on sème, en recouvrant de
la manière dont je l'indique au chapitre des
semailles des boulbènes. C'est en suivant ce
procédé que j'ai pu récolter la graine de trèfle,
et obtenir ensuite une belle récolte de blé.
Il faut cependant observer qu'on ne peut agir
ainsi que sur une certaine contenance, car,
si on voulait le faire sur une grande quantité

de terre, on risquerait de compromettre les semailles, surtout si la saison était avancée.

Vesces noires — Fourrage.

La culture de la vesce noire, comme fourrage, est d'autant plus avantageuse, qu'elle entre parfaitement dans le système d'assolement de toutes nos terres.

Les agronomes sont partagés sur les avantages de cette culture ; les uns ont trouvé que la récolte du blé qui succède aux vesces noires se ressent du séjour de ce fourrage ; d'autres croient que c'est un amendement. Cette diversité d'opinions tient seulement à ce qu'on ne sait pas s'entendre. Si on attend, pour couper le fourrage, que la graine soit à moitié formée, nul doute que le sol sera fatigué ; mais, si l'on fauche les vesces au moment que la graine commence à se former dans les siléques du bas de la tige, l'amendement que la terre recevra des débris des racines et des tiges couchées sera très-favorable à la récolte du blé.

La vesce noire peut être cultivée sur les boulbènes après la récolte du blé ; mais alors il faut préparer la terre après une forte pluie, faire un bon labour avec la charrue à versoir, passer la herse, traverser avec l'araire, semer la graine, et recouvrir comme pour le blé en formant des planches doubles.

Sur les terres fort, du moment que le maïs est récolté, il faut donner un trait de charrue à chaque raie de maïs, passer la herse et semer les vesces. Je suis dans l'usage de mêler à la graine un dixième d'avoine, afin d'empêcher le fourrage de se coucher.

Le choix de la graine n'est pas indifférent; celle qu'on recueille à Béziers est d'une qualité supérieure. On ne saurait trop cultiver cet excellent fourrage, pour diminuer autant que possible les jachères.

Trèfle de Roussillon (Farrouch).

Ce fourrage, beaucoup moins précieux que la trèfle de Hollande en ce qu'il n'améliore pas la terre, présente cependant des avantages, surtout auprès des villes.

Le terre qui lui convient le mieux est la boulbène douce, sabloneuse, il vient cependant bien sur les terres fort, et sert de dépaissance pour les troupeaux. Aux environs de Toulouse, où on est dans le bon usage de vendre les agneaux et le lait de brebis, il faut nécessairement semer une assez grande quantité de farrouch, afin de bien nourrir les brebis. Il faut donc vers la fin de Septembre donner une légère façon aux maïs qui ne sont pas encore mûrs, on applanit ainsi le terrain et on sème le farrouch; on est certain de bien réussir, surtout en ayant soin de plâtrer. Quand au farrouch destiné à être donné en vert aux bestiaux, voici la manière que j'ai adoptée : on le sème vers la fin de Septembre. Au mois de Janvier, quand on s'aperçoit que le temps va se mettre à la pluie, on fume ce champ avec du fumier de troupeau qu'on étend de suite. Un mois après, quand ce fumier a été bien lavé par les pluies, on le ramasse avec des râteaux, on le charge et on le remet dans la bergerie. On est certain, de cette manière, d'avoir un fourrage d'une grande abondance.

Il faut observer qu'il ne faut semer ce farrouch pour fourrage vert qu'en proportion de ses besoins; comme il vient rapidement en fleur, il sèche promptement, et les bestiaux ont de la peine à le manger. Comme foin, il est très-médiocre.

En terminant ce chapitre des fourrages, je vais donner un tableau de leur produit par arpent, et de la perte qu'ils éprouvent par la dessiccation.

PRODUIT DES FOURRAGES EN SEC.	PAR 1500 toises.	DIMINUTION par LA DESSICCATION.		DÉBRIS de CHAQUE FOURRAGE.	Par 5o kilog.
	Quintal. de 5o kil.	100 KILOGR.	DONNENT en kilogr.		Par 5o kilog.
Luzerne de Paris 3 coupes.	43	De Luzerne. . . .	27 1/2	la Luzerne	8
Trèfle 2 coupes	36	de Trèfle	22 1/2	le Trèfle	11
Esparcette.	23	d'Esparcette. . . .	3o	l'Esparcette	10
Farrouch	23	de Farrouch . . .	25	le Farrouch. . . .	9
Vesces noires	24	de Vesces noires.	37 1/2	la Vesce noire. . .	6
Foin.	16	de Foin	38	l'Herbe des prés. .	4

CHAPITRE 11.

Défoncement.

Depuis quelques années, un grand nombre d'agronomes ont adopté la méthode de défoncer leurs terres; ils donnent ce travail à des journaliers, qui peuvent semer du maïs dont la récolte leur appartient en totalité. Cette opération a ses avantages et ses inconvéniens.

Sans doute un défoncement de dix-huit à vingt pouces, dans un bon fonds, ne peut produire que de bons résultats, quand la couche inférieure s'est amendée par l'atmosphère. C'est là un premier inconvénient. Mais, si la couche inférieure est de mauvaise qualité, même médiocre, vous obtenez des résultats bien différens de ceux que vous espériez ; de plus, vous perdez votre récolte de maïs ; souvent même ces journaliers, pressés d'achever leur ouvrage, défoncent la terre avec le mou et en dénaturent la qualité. J'oserais croire que les propriétaires trouveraient un grand avantage à adopter ma méthode de défoncement. J'ai défoncé de cette manière cent soixante arpens, à seize et dix-huit pouces ; en voici la méthode :

Sur un champ partagé en huit parties égales, j'établis huit journaliers sur une seule ligne, à égale distance les uns des autres ; une paire de bœufs ouvre avec la charrue à versoir une forte raie, et, à mesure que les bœufs passent, les journaliers entrent dans la raie et pelleversent leur portion avec la bêche à deux pointes ayant douze pouces de longueur; ils enlèvent et portent en dessus la terre contenue entre les deux pointes, et ce qui en reste dans la raie ou qui se détache se trouve remué. Les bœufs après avoir tracé leur sillon reviennent à l'autre bout, la charrue renversée, ce que nos laboureurs appellent *raie perdue*. Ils tracent alors un second sillon à côté du premier, et pour cela le bœuf de gauche entre dans la raie pelleversée, tandis que celui de droite reste au-dessus du sol ; alors le laboureur, appuyant fortement sur sa charrue, qui d'ailleurs est attirée de haut en bas par la position du bœuf de gauche, ouvre une raie profonde en comblant avec le versoir, qui n'éprouve pas de résistance, l'espèce de fossé que les journaliers ont creusé. Une paire de bœufs suffit pour huit hommes. Ayant la facilité d'avoir des journaliers, j'ai fait tous mes défoncemens avec seize hommes et deux paires de bœufs. De cette manière, j'ai obtenu seize pouces de profondeur dans les terres fort, et dix-huit dans les boulbènes. Il faut changer les paires de bœufs aux intervalles des repas des journaliers.

Si on veut bien observer l'effet de ce défoncement, on trouvera que la terre a été travaillée à seize pans de profondeur, et que néanmoins il n'y a eu qu'un tiers de la terre vierge de la couche inférieure qui ait été porté à la surface, le reste se trouve mêlé avec la terre végétale. De cette manière les pluies peuvent pénétrer dans les couches inférieures. C'est surtout quand elles sont composées de terres compactes, espèce de marne ou de tuf, que les résultats de ce défoncement sont admirables.

CHAPITRE 12.
Plantes Oléagineuses.

Une culture d'une grande importance pour notre agriculture, et beaucoup trop négligée dans le Midi, est celle des plantes oléagineuses, qui s'accorde si bien avec nos divers assolemens ; l'huile qu'on extrait de leurs graines sert à l'éclairage, et le marc est une excellente nourriture pour les bestiaux.

Mes expériences ont été faites sur le lin, le

colza, la moutarde blanche et noire, la linette, la cameline, le pavot blanc et l'arachide. Toutes ces graines furent semées sur des planches d'un terrain défoncé d'après ma méthode, sarclées avec soin, et, lors de la récolte, exposées vingt-quatre heures au soleil pour empêcher la fermentation ; elles furent déposées dans un lieu sec. Dans le mois de décembre, je fis procéder à l'extraction de l'huile de chaque espèce de graine.

DESIGNATIONS DES GRAINES.	QUANTITÉ.			POIDS DE LA GRAINE.	PRODUIT EN HUILE.	
	hect.	m.	bois.	livres.	livres	onces.
Noix..................	0	0	6	44	20	1/2
Lin....................	1	0	0	166	34	
Cameline..........	1	0	0	183	45	1/2
Colza................	1	0	0	187	34	3/4
Moutarde blanche.............	1	0	0	184	22	
Moutarde noire	1	0	0	176	24	1/2
Linette de printemps............	1	0	0	137	25	1/2

En observant avec soin la végétation de ces plantes, j'ai cru m'apercevoir que la cameline était celle qui fatiguait moins le sol, et que la culture du colza, qui est une branche de richesse en Flandre, devenait difficile dans notre Midi, à cause des vents violents et des rosées tardives. Je conseillerai cependant cette culture aux propriétaires que leur position met à l'abri des vents. Par ces motifs, j'ai donné la préférence à la cameline.

Colza.

La culture des plantes oléagineuses pouvant devenir pour nous une branche de richesse, je crois devoir entrer dans les détails de la culture du colza, une des plantes les plus utiles, et qui s'approprient le mieux avec nos assolemens. Je l'ai cultivé pendant plusieurs années, mais avec peu de succès, à cause des vents d'Autan, qui détruisent chaque année les plus belles apparences de récolte. Mais, dans les positions du Midi où ce fléau se fait peu sentir, dans ces grands fonds de la Gascogne, le long des rivières, on est certain d'obtenir des résultats peut-être plus productifs que ceux du blé. C'est ainsi que la Flandre retire du colza un revenu supérieur à celui des autres cultures (1).

---

(1) C'est à l'obligeance de M. Delveau, fabricant d'huile de toute espèce, que je dois les procédés de culture du colza. La ville de Toulouse lui devra bientôt un grand établissement économique de fabrication d'huile, qui fournira aux propriétaires le moyen de se défaire avantageusement des graines oleagineuses.

Le colza demande d'être cultivé sur une terre substantielle, bien amendée par de bons fermiers. Les soins et la dépense que l'on fait pour le colza, ne sont pas perdus pour la récolte du blé que l'on fait succéder.

Il y a trois manières de semer le colza, à la volée, en ligne, ou en pépinière ; les deux premières sont plus économiques. Dans le Nord, on sème le colza en place, soit en ligne ou à la volée, du 15 Août au 20 Septembre ; en pépinière, il faut semer plutôt, pour le planter en Octobre.

Dans notre Midi, je croirais avantageux de ne le semer qu'à la fin de Septembre, en ligne, comme on le fait pour la betterave, et avec le semoir Hugues, qui me paraît bien approprié à cette culture. Il faut choisir un jour sombre, et surtout quand le temps s'annonce à la pluie. Les rayons doivent être à dix-huit ou vingt pouces de distance, et chaque plant, espacé de même. De cette manière, la plante acquiert plus de force et produit plus de graine.

Le semis à la volée exige huit litres de graine par hectare, on en emploie beaucoup moins dans les semis en ligne. Pour les pépinières, il faut calculer qu'un hectare de terrain fournit pour repiquer à quatre hectares.

On plante au plantoir à la main, ou à la charrue ; ce dernier moyen est plus économique, et de facile exécution. Il suffit que le semeur suive la charrue en plantant le long de la raie ouverte, il cache le plan contre la terre meuble, de manière à être recouvert par la raie suivante.

On sarcle le colza à la fin de l'automne et au commencement du printemps, lorsqu'on s'aperçoit d'un commencement de végétation. C'est à cette époque qu'une poignée de colombine déposée au pied de la plante lui donne une grande vigueur. La poudrette remplace avantageusement la colombine.

C'est dans le courant de Juin que l'on fait la récolte : on doit saisir avec soin la maturité du colza ; la moindre négligence expose à des pertes considérables. Le moment le plus favorable est quand la graine devient brune et transparente.

Pour opérer cette récolte, on peut se servir de la faux, si on a semé à la volée ; mais il faut alors former de fortes javelles, et lier les gerbes avec la rosée du matin.

Dans le Midi, il faut battre les gerbes du colza sur l'aire, faire un peu sécher la graine au soleil, et puis on la met dans le grenier, en tas peu épais, et qu'on a le soin de remuer souvent avec des rateaux ; un mois après, elle peut être réduite en huile.

Mais quelque soit l'espèce qu'on adopte, l'huile qu'on en extraira, contenant beaucoup de mucilage produisant une fumée désagréable, il faut la clarifier pour pouvoir en faire usage. En Flandre, on vend l'huile de colza presque toujours clarifiée ; c'est une valeur de cinq francs qu'elle acquiert par quintal.

Les ouvrages d'agriculture ne donnant aucun moyen facile et économique pour clarifier les huiles, j'ai eu recours aux formules chimiques indiquées par MM. Chaptal et Ténard. L'acide sulfurique en petite dose est le moyen qu'ils proposent, sans trop s'attacher à une dose plus ou moins forte ; cependant j'ai cru m'apercevoir (du moins pour la cameline) que la dose de quatre gros par deux livres d'huile, indiquée par M. Chaptal, était trop forte ; l'acide sulfurique agissant trop fortement sur l'huile, lui donne une teinte louche. M. Ténard propose deux onces d'acide pour vingt - quatre livres d'huile. Cette différence dans les doses m'a engagé à faire plusieurs essais, qui me mettent à même de proposer la dose de deux onces et demie d'acide sulfurique, par vingt-quatre livres d'huile et trente-cinq livres d'eau. Voici le procédé que je suis.

On verse dans vingt - quatre livres d'huile deux onces et demie d'acide sulfurique, on remue avec une spatule de bois, et quand on s'aperçoit que l'huile a pris une teinte légèremeut charbonneuse, on la verse dans un tonneau, en y ajoutant trente-cinq livres d'eau ; on agite fortement, et on laisse reposer dans un lieu chaud. Quand l'huile est parfaitement séparée de l'eau, on la soutire dans un baquet percé d'un grand nombre de trous, ayant de diamètre huit à neuf lignes, et dans lesquels on place de fortes mèches de coton. L'huile, filtrant à travers les mèches, se dépouille de toutes les parties étrangères, et tombe claire et limpide.

D'après ce procédé si simple, le propriétaire peut se procurer à bon marché l'huile nécessaire pour sa consommation et celle de ses métayers. Mais, comme les économies de ménage ont un rapport intime avec celles de l'agriculture, il me paraît utile de se fixer sur le choix à faire, pour se procurer le mode d'éclairage qui réunisse à l'économie de l'huile un prix modéré dans l'achat des lampes. Sous ce rapport, il existe un préjugé chez les petits propriétaires, vivant toute l'année sur leur domaine, et même chez l'artisan, c'est de préférer généralement l'emploi des chandelles à celui des lampes. Il serait possible que la première dépense d'achat, le soin qu'exigent les lampes, et la difficulté de se procurer de l'huile épurée, fussent les causes de cette préférence peu économique. Quoiqu'il en soit, comme le choix à faire se réduit à une affaire de chiffre, je me suis livré à des essais comparatifs sur les lampes en usage depuis dix ans ; mais en cela, comme pour l'agriculture, j'ai éprouvé des mécomptes. Voici le résultat de mes expériences comparatives.

Le prix de l'huile est supposé à soixante centimes ou douze sous le demi-kilogramme.

DÉSIGNATION DES LAMPES.	HUILE MISE DANS LES LAMPES.			CONSOMMATION EN ARGENT PENDANT CINQ HEURES		
	onces	gros		sous	liards	deniers
Lampe astrale.......	3	2	1/2	2	0	1
Lampe à chapeaux.	2	3	1/2	1	2	2
à la carcelle.	2	2	1/2	2	0	1
Locatelly à 2 becs.	1	6	0	0	3	3
Locatelly veilleuse.	1	4	1/2	0	3	0
Calel du peuple....				1	1	0
Bougie..................	une à 4 à la livre.			14	0	0
Chandelle.............	une *idem.*			2	1	0

Ces résultats prouvent que les lampes, même la *Carcelle*, donnent une économie de moitié, avec une clarté supérieure à celle d'une bougie ou d'une chandelle. La Locatelly à deux becs convient parfaitement à un individu qui travaille à son bureau ; elle donne constamment la même clarté, et fatigue peu la vue. Malheureusement toutes ces lampes sont sujettes à se déranger, si on ne les soigne pas.

CHAPITRE 13.

Vignes.

Malgré les droits énormes qui pesent sur les vins, droits répartis si inégalement, que les vins de Champagne, de Bourgogne et de Bordeaux, qui se vendent cinq francs la bouteille, ne sont pas taxés par la régie plus que ceux de ce pays, qui ne se vendent que cinq à six sous la bouteille. Malgré ces droits, il y a encore quelque avantage à planter en vignes, à labourer les terrains de côteaux qui ne produisent, en blé, que trois à quatre pour un. Cette opération peut se faire d'une manière économique : on creuse, de huit pieds en huit pieds, des fossés de la profondeur de vingt pouces ; on plante le sarment en le coudant par le bas, et en l'appuyant au côté du fossé qui regarde le plus le Midi. Les plants sont espacés, l'un de l'autre, de quatre en quatre pans. Dans le Bas-Languedoc, cet espace est doublé ; ils forment ainsi de fortes souches ; mais pour nous, à cause de la violence des vents d'Autan, il vaut mieux rapprocher les souches. Sans doute cette manière de planter les vignes en coudant le sarment, est plus coûteuse que celle de planter avec le pal-fer, mais aussi les vignes réussissent mieux, sont plus vigoureuses et portent plutôt : il faut d'ailleurs observer qu'avec le pal-fer les premières racines atteignent promptement le fond du fossé, par conséquent une couche dure ; tandis qu'en coudant le sarment, les racines s'étendent horizontalement dans le fossé.

On ne saurait trop soigner les vignes que l'on peut labourer, c'est un terrain qui produit tous les ans. Heureux les propriétaires dont le sol donne des vins de bonne qualité ; car, quelques soins qu'on porte à bien exécuter tous les procédés reconnus les meilleurs pour obtenir de bon vin, la science est en défaut ; le terroir est presque tout.

Le transport de bonne terre aux pieds des souches est sans nul doute le moyen de faire produire beaucoup aux jeunes vignes, et de renouveler la vigueur des vieilles. La manière d'opérer les *terrages* varie selon les localités : c'est à l'intelligence des propriétaires qu'il appartient de choisir le mode le plus économique ; car le luxe dans ce genre est une grande faute, les récoltes en vin ayant beaucoup d'accidens à courir, peut-être même plus que celles des céréales. Les engrais-animaux font un grand effet sur les vignes; mais indépendamment que leur emploi serait aux dépends des céréales, leur effet influe sur la qualité du vin. La colombine est sans doute le plus puissant des engrais pour toutes sortes de culture ; son effet est admirable sur les vignes, et il est à regretter que l'on ne puisse pas s'en procurer à bon marché. Heureusement qu'un bon engrais vient de nous être fourni par les fabriques en laine, c'est la bourre et tonte qu'on retire des machines servant à tondre les draps et à filer les laines. Une livre de cette tonte sert pour amender parfaitement deux souches ; il faut avoir le soin de les déchausser et de placer la tonte autour du pied de la souche, puis on remet la terre ; mais il faut faire cette opération au commencement de l'hiver.

Selon les qualités de terre, on peut amender les vignes à labourer avec le lupin (1) et l'esparcette. Pour ce dernier engrais, on sème le fourrage dans la rangée des souches, on

----

(1) Voir à la fin une lettre d'un agronome du Bas-Languedoc.

laisse un petit sentier, afin de pouvoir travailler à la main les pieds des souches. Le fourrage est coupé avec la faucille pendant les trois premières années, en ayant soin de le plâtrer. La troisième année, quand le fourrage commence à fleurir, il faut l'enfouir avec la charrue, en donnant la première façon à la vigne. Pour le lupin, on fait arracher les tiges à la main, on les dépose dans les raies le plus proches des pieds des souches, et on les recouvre avec la charrue. Cet engrais est sans nul doute préférable dans les terres douces ; mais, dans tous les cas, pendant qu'on fait usage de cet amendement, il faut tailler les vignes un peu court, afin de ne pas fatiguer les souches. Je n'ai éprouvé aucun effet du plâtre et de la chaux sur les vignes, mais il serait possible que, mêlés avec des terres, ils produisissent un bon effet.

Les vins du Lauragais et du Castrais sont difficiles à conserver, par l'effet du vent d'Autan, qui agit d'autant plus sur le vin nouveau, qu'il contient peu d'alkool ; aussi, sont-ils plus sujets à *tourner*. Ceux que je recueille sur mon domaine d'Auterive avaient de tout temps ce grave inconvénient ; mais je suis parvenu à y remédier et même à faire du vin passable pour la consommation du peuple, en suivant le 'procédé que je vais indiquer. A mesure qu'on jette la vendange dégrappée dans la cuve, on y jette par intervalle une douzaine de litres environ de moût saturé, et dans lequel on a fait bouillir quatre à cinq livres de cassonnade commune ou de miel. On ajoute ensuite une poignée de branches de pêcher, que l'on laisse bouillir dans la chaudière, seulement pendant cinq minutes. Puis, dans une cuve de la contenance de vingt-cinq barriques de 200 litres chaque, on jette par intervalle neuf litres d'eau-de-vie très-forte 3/6. On recouvre la cuve.

Lors de la décuvaison, la fermentation insensible continuant dans les barriques, on y ajoute, par 400 litres de vin, un quart de litre de bonne eau-de-vie 3/6, sans mauvais goût. De cette manière, le vin contenant plus d'alkool se conserve facilement. Au mois de mars, il faut transvaser les vins, en ayant soin de les fouetter avec six ou huit blancs d'œufs, et de ne les soutirer que quand le vent d'Autan ne souffle pas.

Sans doute de bonnes caves souteraines, bien exposées, contribuent à la conservation des vins ; on voit cependant à Villaudric, chez M. le marquis de la Valette, ces vins excellens, si appréciés dans le Midi, et même à Paris, se conserver parfaitement, dans des chais raz de terre, pendant un grand nombre d'années ; mais une observation remarquable, c'est que ce vin est sujet à tourner à l'aigre, si on le transporte dans des caves à Toulouse ou aux environs. La seule manière d'éviter ce grave inconvénient, c'est de le fouetter quand on le reçoit, et de le tirer en bouteille. Il faut le boucher avec soin, le mastiquer, et le coucher en rangées dans du sable. Si on a la patience de ne le boire qu'après deux années de bouteille, on peut être certain qu'on boira du vin comparable aux vins de Bordeaux et de Bourgogne de seconde qualité, et même supérieur pour vin ordinaire.

CHAPITRE 14.

Plantations des Vignes. — Culture.

Le bas prix du vin dans nos contrées, par suite des impôts énormes établis par les droits réunis, s'est opposé jusqu'à présent à l'adoption d'améliorations dans cette précieuse culture, et dont le Bas-Languedoc a donné l'exemple ; tant il est vrai qu'en économie politique, un impôt trop élevé finit par produire beaucoup moins, en desséchant toutes les sources de richesse. Dans ce moment, des réclamations générales demandent une diminution dans les droits actuels ; quelques justes qu'elles soient, je doute que les Chambres les accueillent si on ne propose pas un moyen de remplacement qui puisse fournir au trésor le même revenu. C'est là le point essentiel dont on n'aurait pas dû s'écarter (voir la note sur le vin à la fin de l'ouvrage).

Nous n'avons pas, comme le Bas-Languedoc, la faculté de convertir nos vins en eau-de-vie ; le peu d'esprit qu'ils contiennent rendrait cette opération désavantageuse. D'ailleurs les gelées tardives rendant nos récoltes en vin casuelle, il en résulte une différence de position. Ainsi, pendant que l'art de bien planter la vigne, de la cultiver, et de faire du vin, était stationnaire dans nos départemens du Sud-Ouest, les propriétaires du Bas-Languedoc, et notamment ceux de l'Hérault et du Gard, retiraient de grands bénéfices de leur vins ; dès lors ils ont dû rechercher les moyens d'améliorer la culture de leurs vignobles, et de là est résulté l'usage d'un grand nombre de procédés utiles, dont plusieurs pourraient peut-être nous convenir.

Sans doute le Bas-Languedoc doit en partie à la chaleur de son climat et à son sol la qualité de ses vins ; mais le choix des plants peut aussi y contribuer. Je serais assez porté à croire que de bons cépages du Bas-Languedoc , tels que *laramon* et *l'espart* , mêlangés avec des plants de granage du Roussillon , donneraient à nos vins plus d'esprit et de qualité , et les rendraient plus susceptibles de se conserver plusieurs années. C'est pour arriver à ce résultat que je vais indiquer la manière de planter la vigne dans le Bas - Languedoc. Sans nous astreindre exactement à cette méthode , nous pouvons cependant améliorer le mode que nous suivons.

Un propriétaire soigneux doit surveiller la préparation du terrain destiné à la vigne. Jadis, dans le Bas - Languedoc , on suivait l'usage adopté dans nos départemens , de défoncer la terre et de planter au pal ; mais on s'est aperçu que la terre végétale étant mise au fond , le cépage , se trouvant dans un sol fécond et ameublé, poussait des racines vigoureuses ; les mises des premières années étaient admirables , donnaient promptement des raisins , mais ces produits allaient en décroissant à mesure que les racines avaient dévoré la couche inférieure, et il fallait alors des engrais considérables pour améliorer la couche supérieure.

Ces inconvéniens ont fait adopter l'usage de donner un labour profond , avec une forte charrue ; mais je croirais plus avantageux d'adopter le mode de défoncement que j'ai indiqué (voir défoncement); de cette manière, les couches seraient mélangées.

Anciennement on cultivait aussi les vignes en espaçant les rangées à huit pans, et les plants à quatre pans. Depuis quelques années, on a observé que la vigne bien espacée, a plus de force et donne plus de fruit. Quatre pans de distance faisaient que les racines s'entrelaçaient, et la souche finissait par périr. Il fallait alors faire un provin à la place, emprunter un sarment à la souche voisine, et lui imposer un nourrisson lorsqu'elle n'avait que l'espace nécessaire pour végéter. Le provin, grâce au fumier, prospérait pendant quelques années, mais peu à peu les deux souches dégénéraient, et le sol se trouvait épuisé par les nombreuses racines des sarmens de cinq à six pans. L'expérience a donc amené à éloigner les plants de huit pans ; de cette manière, les souches ne peuvent pas se nuire.

Il y aurait, pour nos localités, des inconvéniens à adopter ce mode d'espacer les plants dans chaque rangée à huit pans ; dans les grands fonds, cela peut être avantageux, mais, pour nous qui ne plantons des vignes que dans des terrains médiocres, il faut nous en tenir à n'espacer que de quatre pans. Il faut d'ailleurs observer que de cette manière les souches sont moins exposées aux effets du vent d'Autan (1).

L'expérience a fait préférer de planter les sarmens en les coudant, au lieu de se servir du pal ; de cette manière, les racines peuvent tracer dans une bonne terre, au lieu qu'avec le pal elles trouvent de suite la mauvaise terre. Il faut seulement avoir le soin de couder les cépages du côté du Midi.

Nous devons encore recommander de ne pas mélanger les plants de raisin blanc avec le noir ; il vaut mieux en former des vignes séparées. L'observation a conduit à cette amélioration ; en effet, le raisin blanc mûrissant plutôt que le noir, il arrive souvent que, pour attendre la maturité du noir, on laisse pourrir le blanc ; c'est nuire par conséquent à la qualité du vin, et d'ailleurs il est moins foncé en couleur ; cette observation a même conduit à planter les diverses parties du vignoble, chacune d'une seule espèce, et l'expérience est venue confirmer les avantages de cette méthode. On conçoit, en effet, que l'*aramon*,

---

(1) J'avais planté quelques journaux de vigne de cette manière, mais, par les motifs que j'ai énoncés, j'ai été obligé de la regarnir à quatre pans, mais toujours de labourer.

hâtif de sa nature et très - productif, se trouvant mûr dix jours avant l'*œuillat*, il y aurait de l'inconvénient à attendre la maturité de cette dernière espèce.

L'*œuillat* et l'*espart* produisent le vin le plus coloré et le plus généreux.

Le *terret noir* et le *terret gris* mûrissent après l'*œuillat*; le *granache* fait du vin parfait, donne beaucoup de raisin mais peu de jus; je croirais cependant avantageux de le cultiver pour donner une qualité supérieure au vin. Le *calignane* produit immensément, mais le plus léger brouillard détruit le raisin quand il est en fleur. Le vin qu'il donne étant excellent, il serait utile de le cultiver sur des côteaux, afin d'éviter le brouillard.

Depuis quelque temps, les propriétaires soigneux forment, dans le Bas-Languedoc, des pépinières des meilleurs cépages; ce mode offre de grands avantages en ce qu'il assure la réussite de la plantation, et que les plants donnent du fruit plus promptement. C'est à MM. Sauvajeols et Sorbès, de Lunel, que l'on doit cette amélioration.

Mais, soit que l'on se décide à planter la vigne avec des crossettes, des boutures ou des plants enracinés, il faut faire des trous de quinze pouces de profondeur, d'un pied

de large , et de dix-huit pouces de longueur ,
en observant que le côté du Nord du trou
soit coupé perpendiculaire (1).

Cette opération faite , on commence la
plantation ; des femmes remplissent à moitié
le trou avec de la terre douce , mêlée d'un peu
de cendres ; le vigneron tient le plant de la
main gauche , le place dans le trou , le coude
avec le pied droit de la longueur de trois
pouces regardant le Midi , le reste du sarment est presque appuyé au côté du Nord ,
on fait tomber la terre de droite et de gauche ,
et , lorsque le creux est presque plein , l'ouvrier relève doucement le pied droit et presse
la terre avec le pied gauche , de manière que
le plant ne puisse se découder ; on finit de
combler le trou.

A la fin de février de l'année après la
plantation , le vigneron taille chaque sarment sur un ou deux yeux en se servant du
sécateur , de manière à ne pas soulever le
sarment.

Dans les premiers jours de Mars , on donne
la première façon , on enlève les mauvaises
herbes , on émotte bien la terre ; ces soins

____

(1) J'ai dû à l'obligeante amitié de M. Sorbès des renseí-
gnemens bien utiles.

sont nécessaires, si on veut s'en rapporter à ce vieil adage : *pour avoir un bon plantier, il faudrait passer la terre dans un crible.*

Vers la fin de Mai, on donne la seconde façon ; dans le courant de l'été, s'il survient quelques pluies qui empêchent de battre les blés, on fait donner une troisième façon. C'est alors qu'il faut ébourgeonner, c'est-à-dire que l'on ne laisse pousser qu'une seule mise, et l'on choisit celle qui est le plus près de la terre.

Du dix au quinze Août, on donne la quatrième façon au plantier, celle-là est indispensable à cause de la nouvelle sève, c'est alors que les plants poussent avec vigueur.

Dans le courant de l'hiver, on déchausse les jeunes plants et on fume chaque plant avec un peu de colombine, de fumier de cochon, ou mieux encore de la tonte des draps ; mais, comme il est difficile et coûteux de se procurer assez d'engrais, je vais en indiquer un qui m'a fort bien réussi.

Dans les temps perdus, on fait transporter une assez grande quantité de terre le long de la vigne, on en forme une plâte-bande de trois pieds de large sur trois de hauteur, on la creuse à peu près de huit pouces dans toute la longueur, et on remplit ce creux de fumier sorti des étables, on recouvre avec la terre du creux, et on applanit la surface en sorte que les pluies de l'hiver pénètrent également dans l'intérieur. De cette manière, au bout de deux mois, on a un engrais excellent et peu coûteux.

Au commencement de Mars, on prépare la vigne pour la taille, on enlève tout le bois qui se trouve au-dessus de l'œuvre qu'on veut laisser ; c'est alors qu'il faut labourer à souche morte, c'est-à-dire avant que la sève ne soit en mouvement ; de suite on taille.

A la fin de Mai, on donne la seconde façon, en observant de ne pas découvrir l'engrais qu'on a mis aux pieds des souches ; vers la Saint-Jean, un ouvrier intelligent doit par-la vigne, et arracher avec soin toutes les mises sorties par les racines.

A la fin d'Août, on redonne une façon, les ouvriers enlèvent avec la main les sarmens gourmands, nettoient ceux qui doivent servir pour la taille prochaine.

Pour la seconde année, il faut un vigneron adroit et intelligent pour bien parer la souche, c'est-à-dire enpêcher les pousses des petits sarmens qui affameraient les sarmens maîtres ; il doit considérer la vigueur de la souche, sa forme et sa tournure. Si elle est vigoureuse, il peut laisser quatre ceps ; dans le cas contraire, deux ou trois. Dans le premier cas, on taille sur deux yeux nommés le bourgeon et le demi-bourgeon , et, si la souche n'est pas vigoureuse, on ne doit tailler que sur un seul bourgeon ; de cette manière, la vigne se fortifie.

On doit faire des provins pour remplacer les plants qui n'ont pas pris, mais il faut que cette opération se fasse avant la taille.

En principe rigoureux, ne jamais travailler la vigne quand la terre est molle, choisir un temps sec , et toujours à souche morte.

Si on travaille la vigne avec la charrue , il faut tailler la vigne, ou plutôt la préparer pour la taille en Mars ; en Mai, arracher les gourmands. Avec ces soins, on a promptement une vigne formée et vigoureuse.

Dans nos départemens où la récolte en vin est si casuelle, il vaut mieux planter les vignes à labour. De cette manière, les sarmens paient les travaux , et la perte est alors moins considérable dans les mauvaises années.

En principe, tous les propriétaires de côteaux rapides , dont le fonds n'est pas de bonne qualité , devraient utiliser ce terrain en semant du bois de chêne ou en plantant des vignes.

CHAPITRE 15.

Jachères.

Faut-il supprimer les jachères ou bien les conserver? Il semblerait que la prospérité de l'agriculture tiendrait à la suppression des jachères, si on en juge par la chaleur qu'on a mise dans l'examen et la discussion de cette importante question.

Quand on réfléchit que le quart de nos terres arrables se repose tous les trois ans, il paraîtrait qu'il y a un vice dans notre système d'agriculture, et qu'on ne profite pas des sages vues de la Providence qui a créé la terre pour les besoins de l'homme ; mais on oublie que ces biens ne peuvent s'obtenir qu'à force de travaux et de soins éclairés. Certainement on peut demander beaucoup aux riches fonds de la Flandre, aux levées de la Loire, de la Garonne, et à la limagne d'Auvergne, et supprimer sans inconvénient les jachères ; mais, dans le reste de la France, le repos est nécessaire pour rendre à la terre les sucs nourriciers sans lesquels on ne peut obtenir de belles récoltes. Pendant long-temps, on n'a demandé à nos terres qu'une récolte en blé tous les deux ans ; tout le Midi était cultivé en deux soles, blé et jachère. L'introduction du pastel emmena une grande amélioration dans la culture des bons fonds du Lauragais, son produit dépassant celui du blé ; mais la plante épuisant le sol, il fallut avoir recours à des labours profonds et à des sarclages répétés. C'était un grand pas de fait pour arriver à un meilleur système : malheureusement l'indigo d'Amérique vint offrir pour la teinture une supériorité et une économie qui fit baisser le prix du pastel ; sa culture diminua insensiblement, et fut entièrement abandonnée (1) quand l'indigo du Bengale diminua le prix de la teinture en bleu.

Ce fut alors que le maïs vint prendre une place importante dans notre système agricole, et changea pour ainsi dire la manière de vivre de la population des campagnes ; la bouillie du maïs devint la nourriture principale des paysans du Lauragais. L'assolement triennal s'établit insensiblement, blé, maïs, jachère,

---

(1) Comme le pastel est absolument nécessaire en très-petite dose pour la teinture en bleu à l'indigo, cette culture s'est maintenue aux environs d'Albi ; je l'avais essayée et j'avais obtenu d'assez grands résultats ; j'étais même parvenu à améliorer la qualité du pastel, en mêlant une partie des feuilles séchées à l'ombre (usage de la Flandre) avec des feuilles fraiches ; mais des rivalités entre deux villes m'ont forcé d'interrompre cette culture.

dont une partie en fèves. C'était beaucoup
que de maintenir le sol en bon état, mais il
n'y avait pas amélioration. Enfin l'introduction
des fourrages artificiels emmena un bon système de culture, suivi encore en partie dans
presque tout le Lauragais. Les résultats obtenus par la culture des fourrages artificiels
furent immenses, surtout quand, à l'exemple
des Suisses, on répandit du plâtre sur ces fourrages. Pour les petits propriétaires et les métayers à moitié fruits, ce séjour de trois à quatre
ans de l'esparcette sur les terres, et de deux
années pour le trèfle, leurs paraissait une
perte réelle ; mais, quand ils virent les grands
propriétaires obtenir de plus belles récoltes
en blé et surtout des maïs superbes, ils essayè-
rent de suivre leur exemple, et c'est depuis
que le Lauragais et le Castrais ont acquis une
grande prospérité agricole.

En combinant la culture des fourrages artificiels avec l'assolement triennal et avec les
époques des travaux de terre, on parvient à
diminuer les jachères d'un sixième. A présent
on va plus loin, on n'en veut même plus, et
on répudie ce juste milieu au moyen duquel
on n'en conservait qu'une partie ; on oublie
que le repos est si nécessaire à la terre, que
las arbres fruitiers, et souvent la vigne, n'of-

frent pas deux années de suite une grande abondance. Ce même effet se retrouve pour les fourrages artificiels, qu'on ne peut ressemer sur le même champ qu'après un intervalle qui est toujours en raison de leur durée ; il en est de même des céréales. Il y a sans doute quelques plantes qui peuvent être citées comme exception, telles que le maïs nain et le chanvre.

Il en est de cette question des jachères comme de presque toutes celles qui regardent l'agriculture, il est impossible d'en faire une règle générale. Avec un grand fonds, des terres faciles à travailler, des pluies plus fréquentes que dans nos cantons, on peut cultiver, avec succès, les carottes, les turneps, et un grand nombre de plantes oléagineuses ; mais, comme je l'ai déjà observé, la sécheresse de nos étés rend ces récoltes incertaines. Même en supposant une année de succès, comment vendre au marché cette masse de légumes (1) ? Mais pourquoi, me dira-t-on, ne pas les faire consommer par des bestiaux ? Sans doute on peut

---

(1) Mon honorable ami, M. le Blanc, ayant cultivé la grande carotte sur des alluvions de la Garonne, obtint de grands produits ; mais il n'eut d'autre ressource, pour s'en défaire, que d'en charger une barque et d'aller lui-même les vendre à Bordeaux ; certes la peine passe le profit.

y trouver quelque avantage , c'est un jeu à jouer, et on peut voir au chapitre des spéculations que ce n'est pas toujours un jeu sûr. Si on veut bien faire le relevé des produits , récolte moyenne de dix années , de la culture des racines dans notre Midi , on sera surpris du peu de bénéfice qu'on aura obtenu , et presque toujours aux dépens de la récolte du blé ; car il faut observer qu'une grande erreur, dans laquelle tombent bon nombre d'agronomes en supprimant les jachères, est de ne pas porter en ligne de compte la diminution de la récolte en grains de l'année suivante.

Sans doute on peut citer des exceptions , soit par les localités , soit par l'habileté des agronomes. De grands fonds d'alluvions, les terrains désignés sous le nom d'*anglades* au bord des rivières, où presque toujours les blés se couchent , peuvent procurer aux propriétaires les moyens de supprimer les jachères; mais ces exceptions prouvent précisément qu'on ne peut établir de règles générales (1).

____

(1) De savans agronomes sont d'avis que le repos est nécessaire à la terre, qu'on obtient par là plus de produits et une meilleure qualité de grains. D'autres agronomes assurent qu'avec la suppression des jachères la terre conserve la même fécondité ; ils citent l'Angleterre où l'art agricole a fait de si grands progrès : il est temps , disent-ils , que le Midi, si favorisé par son beau climat et

Mais une observation d'une grande importance sur cette question des jachères , c'est l'effet qu'a produit, pour le rendement en farine d'un hectolitre de blé , le genre de culture qui précède la récolte en blé.

Après un grand nombre d'expériences faites dans mon établissement de minoterie , j'ai trouvé qu'un hectolitre de Roussillon et de bladette de Souals , sur jachère fumée ,

demi kilo.

pesait 163

Rousillon sur jachère de boulbène fumée 160

    Lauragais sur maïs sans engrais . . . 145

    Blé d'Alger , à Puilaurens , jachère simple. 146 1/2

    Boulbènes , sur vesces noires enfouies , bladette 150

---

par l'intelligence supérieure de ses habitans (en effet , sur soixante-douze ministres qui se sont succédés depuis 1814 , les trois quarts sont du Midi ; le même calcul s'applique aussi aux grands généraux), sorte enfin de l'ornière des jachères. Il est vrai qu'on ne met pas en ligne de compte la différence des terres et du climat.

En tout il est un point où il faut s'arrêter,
L'atteindre est force, et le passer faiblesse.

Quel parti prendre en présence de si grandes autorités pour et contre ? Je ne vois que le juste-milieu pour nous tirer d'affaire , et, puisqu'il gouverne les empires , il peut bien gouverner l'agriculture. Ainsi, tout bien calculé, nous conserverons un neuvième de nos terres en jachères pour la nourriture des troupeaux.

Terres fort sur betterave sans engrais 148

Blé du Causse sur jachère fumée . . 155

Blé du Causse sur jachère simple . . 147

Blé rouge gros et bladette, jachère
fumée 159

Blé extrait du méteil (1). 158 1/2

Le rendement de la farine étant toujours en raison du poids , il est aisé de voir qu'elle différence de prix les minotiers doivent donner aux blés pesans. Il résulte de ces expériences que le blé sur une jachère fumée donne un dixième de plus de poids que celui récolté sur le maïs , et, comme la quantité de blé récolté tient au plus ou moins de grosseur, c'est-à-dire à la nourriture qu'il a reçue, il en résulte que le propriétaire éprouve, sans qu'il s'en rende compte , une perte considérable et dans la quantité et dans le prix.

En résumé , point de règles positives ; supprimer les jachères sur les excellens fonds, en les cultivant en vesces noires et plantes oléagineuses et fèves ; laisser en jachères les mauvaises terres, en les amendant avec du lupin ou blé noir ; mais surtout ne pas négliger les labours d'été.

____

(1) Ce sac de méteil a donné 119 livres farine , quatre mesures son , et en pain 163 demi kilog. Les minotiers font maintenant usage d'une petite machiue de poche qui leur fait connaître desuite le poids du blé qu'on veut leur vendre.

CHAPITRE 16.

Betterave.

La culture de la betterave est beaucoup trop négligée dans nos départemens , c'est cependant une des plus importantes améliorations que puisse recevoir notre système d'agriculture du Midi. Cette plante convient aux diverses qualités de nos terres, elle épuise moins le sol que le maïs, donne de plus grands produits, et peut entrer parfaitement dans les divers assolemens en usage. Semée sur une terre défoncée d'après ma méthode , elle résiste à la chaleur ; ses feuilles peuvent servir à la nourriture des vaches et des cochons. Les racines de betterave se conservent facilement en tas ; elles peuvent être employées avec succès pour les engrais des bœufs et des moutons, en y ajoutant une ration de luzerne et d'orge ; elles donnent beaucoup de lait aux brebis , et, quand on mélange ces racines avec de la paille et de l'avoine , elles conviennent parfaitement à la nourriture des chevaux de travail. Un domaine bien cultivé devrait avoir chaque année plusieurs arpens en betterave ; ce serait un moyen bien simple de diminuer les jachères , et, quand même on remplacerait quelques arpens de maïs par cette racine, on obtiendrait de bons résultats.

Comment hésiterions-nous à adopter en grand cette culture si avantageuse, quand nous voyons qu'elle à si bien réussi aux environs de Nismes, dans un climat bien plus sec que le nôtre. Profitons de l'expérience d'un des plus habiles agronomes du Midi. M. Auguste de Gasparin, dans un rapport à la société d'agriculture de Lyon, nous dit : « J'essayai sans » succès toutes les espèces de turneps et de » raves ; je cultivai avec plus de succès la » carotte, mais l'épuisement où elle laissa le » sol m'en détourna bientôt. Enfin je semai » la betterave, et son succès justifia mes espé- » rances ; mon sol est toujours défoncé à deux » traits de charrue, il reçoit aussi d'abondans » engrais, et cette année, à l'exemple des » grenoblois, j'ai joint le fumier à l'*écobuage*.

» J'ai employé mes produits à la nourriture » des bêtes de travail, à celle d'un troupeau » mérinos, à l'élève des chevaux, à la nour- » riture de la volaille, des porcs, des vaches, » et à l'engrais des bœufs. Avec la nourriture » des betteraves, la santé de mon troupeau a » été inaltérable, la laine s'est affinée sen- » siblement ; j'ai vu aussi disparaître, par ce » mode de nourriture, les accidens nombreux

» qui désolaient mon écurie, tant que mes
» chevaux avaient été nourris avec des four-
» rages artificiels ; depuis lors, le port de mes
» jumens est toujours heureux, le lait des
» nourrices abondant, et je n'ai pas perdu
» un seul poulain. »

Ecoutons encore sur ce sujet un de nos grands maîtres en agriculture, M. Dombasle : « Pour la conservation des racines, la bette- » rave ne connaît pas de rivale ; avec des » soins d'une exécution très-facile et peu coû- » teux, on peut, dans tous les domaines, con- » server pour les bestiaux, jusques dans le » mois de Mai et de Juin, des betteraves aussi » saines qu'à la récolte ; en sorte qu'elle peut » servir à la nourriture du bétail pendant les » trois quarts de l'année. »

On peut donc établir en principe que la culture de la betterave présente les plus grands avantages, et des chances de succès pour un bon système de culture. C'est donc par ce motif que je vais donner des détails sur la meilleure manière de cultiver une plante précieuse, qui doit nécessairement améliorer nos richesses agricoles.

Terres qui lui conviennent.

La betterave réussit parfaitement dans les

grands fonds du canal, les bords des rivières, les prés défrichés, dans les vallons ; son produit est alors bien supérieur à celui du maïs ; elle réussit aussi dans les bonnes boulbènes, les bons terres fort, les côteaux même, quand le sol a du fonds. Dans les terres sablonneuses, il vaut mieux cultiver les pommes de terre.

Variété des Betteraves qu'il faut semer.

Il existe plusieurs variétés de betteraves, mais celle qui produit le plus, et dont on doit l'introduction en France à M. Dombasle, est la betterave blanche de Silésie, elle est blanche tant à l'intérieur qu'à l'extérieur ; elle est en forme de poire, et le collet est peu élevé au-dessus du sol.

Culture.

Si on veut être certain d'obtenir de grands produits, il faut défoncer le terrain au commencement de l'hiver, d'après ma méthode (un trait d'une forte charrue et pelleverser dans la raie), à la fin de l'hiver, quand les gelées ont bien ameubli le sol, on porte le fumier, qu'on recouvre assez légèrement ; au commencement d'Avril, on forme de larges planches peu bombées avec l'araire, on passe une herse légère pour bien applanir le terrain, et on procède aux semailles.

9

Dans le Nord, on a adopté l'usage de faire des pépinières de plants de betteraves et de les transplanter ; M. Dombasle préfère ce moyen. Mais, dans le Midi, cette méthode exigerait des arrosemens au moment de la plantation, il vaut donc mieux semer sur place ; c'est la manière qu'a adoptée M. de Gasparin aux environs de Nismes. Voici donc la manière que je conseille : on a un cordeau marqué de quinze en quinze pouces avec un trait rouge ; on place ce cordeau à quinze pouces du bord du fossé ; une femme avec un plantoir fait à chaque marque un trou de deux pouces de profondeur, et une femme met dans chaque trou deux ou trois graines, qu'elle recouvre légèrement avec la main ; on replace le cordeau à quinze pouces de la première ligne, et on continue l'opération de la même manière.

On voit que d'après cette méthode les plantes sont espacées de quinze pouces en tout sens. M. Dombasle prescrit une distance de deux pieds, et même trente pouces entre les rangées. M. de Gasparin diminue beaucoup l'éloignement des plantes, il croit gagner en quantité ce qu'il perd en grosseur. Les distances que je viens d'indiquer sont celles dont j'ai fait usage long-temps, et qui sont consignées dans le Manuel ; mais depuis j'ai cru devoir, pour faciliter les labours intermédiaires, espacer les rangées comme le maïs, c'est-à-dire de trente pouces et d'un pied de distance.

Les livres d'agriculture prescrivent de nombreux sarclages ; je ne suis pas entièrement de cet avis ; l'essentiel est de détruire les herbes pendant la première croissance ; mais, lorsque les chaleurs de l'été sont arrivées, il y aurait un grave inconvénient à sarcler avec la charrue à cheval ; ce serait faciliter à la chaleur de pénétrer jusqu'aux racines, tandis que la fraîcheur est conservée par l'espèce de croûte qui s'est formée. Mais, si on a l'espoir d'une forte pluie d'orage, on peut s'empresser de donner un léger labour entre les rangées, cela facilitera un arrosage qui pénétrera tout le sol, et dont l'effet se fera sentir long-temps.

Je crois utile de laisser les maîtres-valets libres de faire cueillir par leurs femmes la feuille des betteraves, pour la nourriture des cochons qu'ils soignent de moitié avec le maître. C'est un moyen de préserver les autres récoltes et les fourrages artificiels.

Récolte des Racines.

Les semailles des céréales devant succéder aux betteraves, il faut les arracher avant les premiers jours d'Octobre dans les boulbènes, et vers le vingt d'Octobre dans les terres fort ; de cette manière, on peut encore bien préparer la terre pour semer le blé. Il faut arracher les racines avec soin, enlever toutes les feuilles en coupant le collet en-dessous, les nettoyer de la terre qui peut rester attachée. Si le temps est bien chaud, il faut les déposer sous un hangar, et ne les mettre en tas que le lendemain. Il faut éviter surtout de les enfermer après la pluie. On conserve pour la graine les plus belles plantes, en ayant le soin de leur laisser le collet. Si on a recueilli une grande quantité de betteraves, on peut les conserver dans des fossés profonds, recouverts de paille, et sur laquelle on met une grande quantité de terre en forme de toît. Pour les préserver parfaitement de la pluie on recouvre ce toît d'une boulbène gâchée avec un peu de paille, et qu'on unit avec le dessous d'une pêle en fer qu'on trempe souvent dans un seau d'eau. Si on a de grands hangars, on peut former ces silos dans l'intérieur sans autre précaution que de les priver d'air.

Produits.

Il est bien difficile de fixer les produits en betteraves d'un demi-hectare ; la qualité du fonds, des engrais et des pluies par inter-

valles, influent nécessairement sur les produits.
M. Dombasle établit que, dans un sol qui produit sept semences et demie de blé, on obtient 400 quintaux de cinquante kilo, et, dans un sol riche pouvant donner de dix à onze semences, on peut atteindre à 1000 quintaux. Je n'ai jamais obtenu de si grands produits, mais souvent 300 quintaux par contenance d'un demi-hectare. Un de mes voisins a récolté, cette année, 1833, 800 quintaux par arpent, mais dans un défrichement de prairie.

Calculant sur un produit moyen de 400 quintaux, et prenant pour évaluation de la faculté nutritive de la betterave comparée au foin, les évaluations de MM. Dombasle et Thaër, nous trouverons que le produit d'un arpent en betterave équivaut à quatre-vingt quintaux de foin pour la nourriture des bestiaux. Quand même on réduirait le produit de moitié, ce serait à peu près le revenu d'un arpent de prairie.

CHAPITRE 17.

Vesces noires pour Fourrage.

Voici encore une culture améliorante qui peut entrer avec avantage dans nos divers assolemens. Quand ce fourrage est enfermé bien sec, c'est une nourriture parfaite pour les bestiaux.

Les agronomes sont partagés sur les avantages de cette culture : les uns trouvent que le blé qui succède aux vesces se ressent de cette récolte ; d'autres croient, au contraire, que les vesces sont un amendement pour le blé ; cette diversité d'opinions tient seulement à ce qu'on ne s'est pas entendu. L'explication est facile, si on attend pour couper le fourrage que la graine soit bien formée, nul doute que la terre ne soit pas aussi favorable à la récolte du blé ; mais si on fauche les vesces au moment où la graine commence à se former dans les siliques du bas de la tige ; la terre sera peu épuisée, et l'amendement qu'elle recevra des débris et des racines des plantes la mettra à même de produire une belle récolte de blé. Le propriétaire soigneux doit donc surveiller le moment favorable de faucher, et se méfier surtout des conseils des paysans, qui sont toujours portés à retarder la fauchaison, sachant que le fourrage en sera plus substantiel.

CHAPITRE 18.

Semailles.

Ce n'est pas tout d'avoir adopté un savant assolement, d'avoir parfaitement préparé ses terres, et d'y avoir porté d'excellens engrais, tous ces frais sont perdus sans le succès des semailles. Il est assez extraordinaire que les livres d'agriculture aient négligé de traiter avec détail ce sujet important. Je vais faire connaître les divers modes que j'ai adoptés après bien des essais.

Il est d'abord reconnu que la manière d'ensemencer les terres, même les époques, doivent varier d'après les qualités des terres. Ainsi, les boulbènes, qui doivent être semées parfaitement sèches, doivent l'être dans les quinze premiers jours d'Octobre; immédiatement après les terres bâtardes; et, s'il survient une forte pluie à la fin d'Octobre, il faut se hâter d'ensemencer les terres fort.

Semailles des Boulbènes.

Vers la fin de Septembre, il faut commencer les semailles du seigle, et, immédiatement après, celles du méteil. Si les grains semés naissent facilement, on peut s'attendre à une bonne récolte ; il y a sans doute des dangers à courir, mais ils sont moins à redouter que sur les terres fort ; bien entendu que les formes données aux champs, en les semant, les préserveront du séjour des pluies de l'hiver et du printemps. Anciennement, et même encore dans quelques localités, on formait les champs en billons étroits, dont les raies multipliées faisaient écouler les eaux ; on s'est aperçu que ces raies nombreuses étaient dépourvues de blé, tandis que le billon en avait trop ; il y avait évidemment perte en grains. J'essayai alors de former avec la charrue à versoir de grandes planches bombées, après avoir semé le grain. Il en résulta que le blé était par fois trop enfoncé, et qu'il n'était pas également espacé. J'eus alors l'idée de former des demi-planches, moitié de la largeur des sillons du semeur, avec l'araire, garni de deux morceaux de bâton de chêne l'un sur l'autre, saillans de cinq à six pouces, du côté et à la place du versoir. Ces deux bâtons, étant flexibles, relèvent la terre comme un versoir, mais en moindre quantité, et en recouvrant les grains d'une terre ameublie. De cette manière, le bombement se trouve fait naturellement. Avant de nettoyer les raies de séparation de chaque planche, avec une charrue à double versoir, ou, si on n'en a pas, avec un araire garni de trois petits bâtons, passant des deux côtés, de cinq à six pouces, il faut qu'une femme jette rapidement, du blé avec deux doigts, sur l'arête que le laboureur va ouvrir pour former sa raie de séparation des planches ; de cette manière, les bords sont garnis de blé. Cette opération est essentielle, on passe ensuite une herse légère, bombée à peine, sur toutes les planches, et la même paire de bœufs qui a formé les séparations des planches, trace les traversières simples et doubles qui sont nécessaires. Depuis vingt ans que j'ai adopté cette méthode, j'en ai obtenu les meilleurs résultats. Cette forme de planches offre encore l'avantage de faciliter le fauchage des blés avec la grande faux, ainsi que les fourrages artificiels.

Nous avons supposé une terre sèche, qui permette de former facilement les planches ; mais s'il survient des pluies, il faut s'arrêter et attendre des intervalles de beau temps, qui sont même de durée dans le mois d'Octobre.

Il peut cependant arriver, comme cette année 1833, que des pluies abondantes, commençant après l'équinoxe, s'établissent dans le mois d'Octobre. Nous avons vu le moment où la moitié des terres des plaines ne pourraient être ensemencées; heureusement qu'une longue série de beaux jours a permis de réussir en partie les semailles des diverses qualités de terre. Je crus devoir, à cette époque, faire paraître un avis sur la manière de faire des semailles promptes : l'essai que j'en ai fait m'a parfaitement réussi. Ce mode consistait à profiter des intervalles de quelques beaux jours, pour former les champs, en grandes planches bombées, les traits de charrue assez gros. Du moment que les crêtes commençaient à sécher, et que la terre n'adhérait plus à la charrue, on semait le grain sur les planches, et on le recouvrait avec une herse légère, à chevilles de fer de six pouces, que l'on passait en travers des planches. De cette manière, le blé était recouvert légèrement d'une terre assez meuble, qui facilitait sa naissance ; mais il a fallu des intervalles de beau temps assez prolongés, surtout pour moi, dont le domaine est tout composé de boulbènes.

Cet inconvénient, qui eût été sans remède si les pluies eussent continué, m'a fait rechercher les moyens de prévenir un semblable retour, et de me mettre à même de faire des semailles promptes.

Dans les plaines, on est dans l'usage de donner la dernière façon avec l'araire : s'il

survient de fortes pluies , les eaux se ramassent
dans les parties basses, et il faut au moins huit
jours avant de pouvoir commencer les semailles. Il faut tâcher de prévenir ce grave inconvénient , ce sera d'ailleurs un moyen d'activer
cette opération, si importante et si chanceuse ,
des semailles des boulbènes. Voici le moyen
que je propose : on donnera la dernière façon
à tous les champs avec la charrue à versoir, en
formant des planches de la largeur d'un ou de
deux sillons que parcourt le semeur, en laissant
une arête étroite dans le sillon de séparation
des planches. On tracera une ou deux traversières d'écoulement, si la position du champ le
demande. Cette opération doit être terminée
avant l'époque des semailles. Quand le moment
est arrivé , on passe une herse pesante sur les
planches , mais en travers , et on sème. Le
grain est recouvert avec l'araire garni de deux
petits bâtons, comme je l'ai dit plus haut : une
femme jette rapidement quelques grains de blé
sur les arêtes de terre qui séparent les planches , on les couvre d'un trait de charrue en
les nettoyant , et on n'a plus qu'à faire les raies
d'écoulement. J'oubliais d'indiquer le moyen
de remédier à l'inconvénient qu'en formant
les planches on ramasse double blé à la crête
des planches. Voici ce moyen : une paire de

bœufs ouvre une raie avec l'araire sur chaque crête des planches, et c'est au tour de cette raie que les autres charrues tournent pour opérer le bombement. De cette manière, le blé est également divisé.

On voit d'après cela que, s'il survient des pluies de très-bonne heure, il suffit de quelques jours de beau temps pour pouvoir ensemencer les terres dont le bombement a donné un écoulement rapide aux eaux. Si le mauvais temps se prolonge, qu'on craigne de ne pas avoir le temps de semer, on peut se contenter de passer en travers des planches une légère herse pour couvrir le blé. Avec trois herses, on ferait un travail considérable, et les bœufs seraient employés à nettoyer les raies entre les planches. On me demandera, sans doute, pourquoi ne pas adopter entièrement cette méthode, si simple et si économique, généralement en usage dans le Nord? Je répondrai qu'il me paraît qu'elle présente, dans notre Midi, quelques inconvéniens que je vais signaler. En couvrant les boulbènes avec la herse, un grand nombre de grains, restant à découvert, sont la proie des pigeons, des moineaux et de poules. Si le semeur à compté là-dessus, c'est toujours une perte. De plus, s'il survient une forte pluie, qui tasse

le sol en lavant la terre meuble, les grains
de blé sont mis à découvert, et les racines
ont de la peine à pénétrer dans le sol; mais
le plus grave inconvénient se trouve dans
l'effet des vents violens, à la fin de l'hiver,
sur les tiges de blé qui, n'étant pas chaussées
par la terre, sont ballotées par le vent, et
souvent déracinées, ou du moins mises à découvert dans leurs racines, et par conséquent
exposées à l'effet de l'air brûlant du vent
d'Autan, au moment de monter en épi. Dans
cet état, si les gelées d'hiver sont rigoureuses,
le blé semé tard, n'ayant que peu de force,
et étant peu couvert, est exposé à périr entièrement. Je ne conseillerai donc pas d'adopter
cette méthode pour la totalité des semailles
des boulbènes; on peut seulement semer ainsi
les premiers champs, pourvu que la terre soit
bien meuble (1).

____

(1) Au moment de donner ce mémoire à l'impression, un fait
important est venu confirmer les inconvéniens de semer avec la
herse. J'avais semé la moitié d'un champ en seigle, recouvert à
la herse, l'autre partie fut semée d'après la méthode que j'ai
indiquée. Dans les premiers jours d'Avril, nous avons eu plusieurs
fortes gelées, et il en est résulté que tout le seigle semé à la herse
est mort en partie; les racines peu recouvertes n'ont pu résister
au froid. L'autre partie du champ a peu souffert. Une autre observation, c'est que le seigle de montagne, n'étant pas encore en
épi comme l'autre, n'a pas souffert du tout.

Qu'il me soit permis, en terminant cet article important des semailles des boulbènes, de recommander aux agronomes de ne jamais semer ces sortes de terres un peu humectées ; il vaut mieux y renoncer, et semer au printemps de l'avoine ou du blé dit de *Mars*, dont on fait un grand usage en Angleterre. La récolte de cette année, 1834, va donner quelque impertance au conseil que je donne. On peut, en effet, observer que tous les champs semés pendant les premières pluies d'automne donnent des récoltes détestables ; on aura à peine deux semences.

Il est bon aussi d'observer que dans les méteils, dont la proportion de mélange a été un quart de seigle sur trois quarts de blé, le seigle a péri presque en entier, preuve de l'importance de ne semer le seigle que sur la terre bien sèche.

Cette même année, on récoltera peu de paille. Il faudra nécessairement avoir recours à la grande faux à rateau ; cette opération est si simple, si expéditive, et présente tant d'avantage, qu'il est absolument nécessaire de l'adopter. Dans ce moment (10 Juin), je fauche les seigles avec seize faux, et avec un résultat d'un sixième de paille de bénéfice. Pour ne rien laisser sur le sol, et économiser l'opération de passer de grands râteaux, il faut, à mesure que l'on fauche, que des femmes, avec un petit râteau à quatre pointes, forment rapidement les javelles. De cette manière, les lieurs de gerbes avancent beaucoup leur travail.

Quant aux semailles des terres fort, les ensemencer aussi détrempés que cela se peut, et si la sécheresse continue toute l'automne, couvrir le blé avec la charrue à versoir, et passer le rouleau dessus. Refaire cette opération plusieurs fois au printemps.

Semailles des Terres Fort.

Pour le succès des semailles de ces sortes de terre, il faut attendre que les champs soient fortement humectés, ne pas redouter le piétinement des bœufs ni celui du laboureur, la gelée viendra tout réparer. Voici le mode généralement adopté dans le Lauragais et le Castrais : on recouvre le blé avec l'araire par petites raies très-serrées. De six en six raies, on fait une raie plus épaisse, et quand le champ est achevé, une paire de bœufs ouvre chaque raie épaisse avec l'araire garni de deux morceaux de baton ; on forme ainsi des raies d'écoulement pour chaque planche. Les agronomes soigneux font passer des râteaux pour bien égaliser toutes les petites raies, et faciliter ainsi de couper les blés avec la grande faux ; d'autres passent le rouleau pesant, excellente opération quand la terre n'est pas molle.

Mais il faut prévoir la circonstance d'une automne entièrement sans pluie ; j'en ai vu deux exemples. Alors, quand on est parvenu au mois de Décembre, il faut couvrir les semailles de blé avec la charrue à versoir, passer de suite un rouleau pesant, et si au printemps on a le soin de faire repasser le rouleau, et le troupeau en masse serrée, on sera à peu-près certain d'éviter la maladie des blés que j'ai désignée sous le nom de *grauzel* ou *gamat*. Au reste, quelque soit la manière dont on aura fait usage pour semer les terres fort, il ne faut pas négliger de passer sur le blé un rouleau pesant.

Il faut à présent nous occuper de la quantité de blé qu'il faut semer dans nos variétés de terre.

CHAPITRE 19.

Quantité de Blé qu'il faut semer par demi-hectare.

Si on consulte les ouvrages d'agriculture qui ont traité cette question, on est surpris de voir proposer une règle générale pour une chose qui doit nécessairement varier , soit d'après la manière de semer , soit selon les diverses qualités de terre et les divers climats. A entendre un grand nombre de savans agronomes , nous jetons en pure perte quatre ou cinq fois plus de semence qu'il ne serait nécessaire. C'est donc encore un juste-milieu qu'il faut prendre ; mais, pour nous guider , établissons quelque base résultant de l'expérience.

Si vous semez sur un fonds de première qualité , il faut semer cinq huitièmes d'hectolitre par contenance d'un demi-hectare ; si c'est sur un bon fonds de boulbène , sept huitièmes sont nécessaires. Pour ces sortes de terres , il faut que les blés soient assez épais pour se défendre des herbes. Dans les terres fort de première qualité , six huitièmes suffisent , et dans les secondes, sept huitièmes. En principe, si les semailles se font facilement, que l'automne ne soit pas avancée , on peut économiser la semence. C'est à l'intelligence du semeur à répandre le grain plus clair dans les parties du champ qu'il sait être de meilleure qualité, et plus épais dans les parties médiocres. Si on a couvert avec la charrue à versoir, il faut semer plus épais , un grand nombre de grains étant trop enfouis.

Mais qu'elle est la profondeur la plus avantageuse où doit être placé le grain de blé? Cette question est d'une si grande importance, que je crois devoir faire connaître une expérience curieuse de M. Moreau, agronome distingué du Nord.

Après avoir fait préparer la terre avec le plus grand soin, M. Moreau forma treize planches de la même étendue, elles furent semées le même jour avec 150 grains dans chaque planche, mais à des profondeurs progressives d'un demi-pouce.

Voici les résultats obtenus; ils serviront à diriger les agronomes, pour adopter le mode de couvrir le grain qui se rapprochera le plus de deux pouces et deux pouces et demi.

NUMÉROS des Planches.	PROFONDEURS des 150 grains de blé.	GRAINS qui ont levés sur les 150.	NOMBRE des épis.	GRAINS RECOLTÉS dans chaque planche.
1	à 6 pouces.	5 grains.	53	683 grains.
2	5 1/2	14	140	2520
3	5	20	174	3813
4	4 1/2	40	400	8000
5	4	72	720	16560
6	3 1/2	93	992	18534
7	3	125	1417	35434
8	2 1/2	130	1560	34339
9	2	140	1590	36480
10	1 1/2	142	1660	35823
11	1	137	1461	35072
12	0 1/2	64	529	10587
13	0	20	107	1600

On voit, par ce tableau, que sur 1950 grains semés il n'y en a eu que 1002 qui ont levé. Il résulte de cette expérience que les blés semés à une profondeur depuis un pouce jusqu'à trois compris, sont ceux qui ont le plus produit, que les grains semés à la surface ont presque tous péri.

Ainsi toute manière de semer, en recouvrant les grains depuis un pouce jusqu'à quatre, est sans contredit la manière la plus avantageuse.

Le nouveau semoir de M. Hugues, de Bordeaux, recouvrant légèrement le grain à la profondeur que l'on veut, me paraît présenter des avantages qui le feraient adopter généralement, surtout pour les semailles du printemps, si le prix n'en était pas trop élevé. Ce semoir aurait l'avantage dans notre pays si sujet aux vents d'Autan, de pouvoir semer malgré leur violence (1).

L'expérience intéressante de M. Moreau laisse à désirer qu'il veuille bien la répéter sur diverses qualités de terre ; je croirais, en effet, que sur les terres fort, où le calcaire domine,

---

(1) L'Automne de 1833, les semailles furent retardées par une longue série de pluies ; au moment que l'on allait essayer de semer, une tempête de vent d'Est prolongea le retard. Voir à la fin une note sur le semoir Hugues.

que les gelées ameublissent, une profondeur de cinq à six pouces, n'aurait pas les mêmes résultats que ceux énoncés dans le tableau. J'ai le projet de faire des expériences de ce genre.

CHAPITRE 20.

Carie des Blés.

La carie des blés est un véritable fléau pour nos récoltes ; depuis un grand nombre d'années les agronomes avaient adopté la méthode du chaulage ; ce moyen bien exécuté était un bon préservatif. Depuis, M. Prévost, de Montauban, a eu l'idée de substituer le vitriol bleu à la chaux, et ce moyen a parfaitement réussi ; mais il avait le grave inconvénient de mettre entre les mains des paysans un poison dangereux. Depuis, M. Dombasle, avec ce zèle qui le distingue quand il s'agit d'être utile, s'est livré à un grand nombre d'expériences sur la carie des blés. Je me contenterai de citer les cinq qui sont à même de nous intéresser.

Neuf litres de froment furent frottés avec de la poussière noire, provenant d'une poignée de grains cariés, ces neuf litres furent soumis aux préparations suivantes.

EXPÉRIENCES SUR LA CARIE DES BLÉS.	NOMBRE D'ÉPIS CARIÉS SUR 1,000 EPIS.
Blé de neuf litres cariés, lavé à l'eau pure, par deux fois, avec 5 hectolitres d'eau.	486 épis.
Blé plongé pendant deux heures dans trois hectogrammes de vitriol bleu et un kilogramme 5 hectogrammes de sel commun par 5o litres d'eau.	9
Blé carié, plongé pendant une heure dans une solution de 6 hectogrammes vitriol bleu.	8
Blé carié, humecté pendant vingt-quatre heures d'un lait de chaux par hectolitre de blé, 4 kilog. chaux. . .	26o
Blé carié, plongé pendant vingt-quatre heures dans de l'eau de chaux, à raison de 5 kilogrammes par 5o litres d'eau.	21
Blé carié, plongé pendant vingt-quatre heures dans de l'eau de chaux, à raison de 5 kilogrammes par 5o litres d'eau, mais avec addition de 8 hectog. de sel.	2

M. Dombasle considère l'emploie du vitriol comme très-efficace ; mais, indépendamment des dangers que présente cette substance vénéneuse, il y trouve un grand inconvénient, c'est qu'après le vitriolage que l'on fait à l'avance, si le temps se dérange et ne permet pas de semer, on a de la peine à conserver le grain.

D'après ces expériences, il résulte que l'im-

mersion dans l'eau de chaux est fort bonne,
mais que l'aspersion de l'eau de chaux ne
réussit pas ;

Que le vitriolage seul est fort bon ;

Que le chaulage avec une addition de sel
est le meilleur préservatif, et c'est le moyen
qu'il conseille.

Voici la méthode que j'ai adoptée, et qui
me paraît remédier à tous les inconvéniens.

J'ai deux grandes comportes ; dans l'une, on
met de l'eau avec du vitriol, on fait bien
tremper le blé ; à côté, il y a une seconde com-
porte où il y a de l'eau de chaux, dans laquelle
on a fait fondre quatre hectogrammes de sel ;
on trempe plusieurs fois avec des paniers le
blé qu'on retire du vitriolage. De cette manière, si le temps devient mauvais, le blé
ne craint pas de se gâter, l'eau de chaux le
conservant.

Les frais de ces divers moyens préservatifs
sont si peu de chose, que chaque propriétaire peut choisir le mode qui lui conviendra
le mieux, puisque avec le chaulage seul il
n'y a que vingt grains cariés sur 1000 ; avec
le vitriolage, huit ; avec la chaux et le sel,
deux.

M. Dombasle observe que l'emploi du sel
est en usage depuis long-temps en Angleterre,

comme préservatif de la carie. Arthur-Young, en parlant de cette méthode, nous apprend qu'elle est due à un événement extraordinaire. Il cite une année où les récoltes furent très-endommagées par la carie, et on observa que les champs semés avec du blé, provenant d'un navire naufragé, et dont le grain avait été saturé d'eau de mer, n'eut point de carie.

CHAPITRE 21.

Paillers. — Paille.

Je vois avec peine que l'usage de gâcher les paillers se perd tous les jours ; c'est cependant un excellent moyen de conserver la paille, et de la préserver des grands vents. J'oserais croire qu'on trouverait un grand avantage à se servir de cette méthode pour conserver les pisés ou murailles en terre dont on entoure les enclos aux environs de Toulouse. On est dans l'usage de terminer ces murailles en y plaçant des *brugues* que l'on recouvre de gravier ou terre en dos d'ane ; il en résulte que l'eau pourrit promptement ces *brugues*, et pénètre facilement dans les parois qu'elle détruit promptement. On éviterait cet accident en se servant d'un peu de paille placée en dos d'ane, et que l'on gâcherait ; il faudrait seulement que la paille dépassât les parois en forme de toît.

Un usage à-peu-près général en France est de préférer , pour la nourriture des chevaux et des bœufs , la paille de blé à celle de seigle; mais voici un savant agronome allemand , M. Sprengel , de Gœttingen , qui vient nous prouver , par des analyses chimiques, que la paille de seigle contient plus de parties nutritives que celle de blé. L'intérêt que présente cette analyse m'engage à la faire connaître. (1)

ANALYSE EN 1,000 PARTIES.	CONTENU DANS LA PAILLE DE BLÉ.	CONTENU DANS LA PAILLE DE SEIGLE.
	parties	parties
Solubles dans l'eau.	7,600	2,800
Solubles dans une lessive alcaline...	40,431	49,080
Substances grasses	0,469	0,520
Fibre végétale.......	51,500	47,600
	100,000	100,000

Il résulte de cette analyse qu'il y a dans la

(1) C'est dans les annales si intéressantes de Rosville que j'ai pris ces expériences curieuses.

paille de seigle un vingt-cinquième de partie nutritive de plus que dans celle de blé. Ces résultats sembleraient confirmer l'opinion des agronomes allemands, qu'il faut donner de préférence la paille de seigle aux animaux ruminans, et celle de froment aux chevaux. Cette analyse prouve encore l'avantage d'humecter la paille avec de l'eau chaude.

Les expériences de M. Sprengel se sont étendues sur l'analyse des cendres des pailles, et il a trouvé :

ANALYSE.	LES CENDRES DE PAILLE DE BLÉ. CONTIENNENT.	LES CENDRES DE PAILLE DE SEIGLE CONTIENNENT.
Potasse..................	0,020	0,032
Soude	0,029	0,011
Chaux....................	9,240	0,178
Magnésie..............	0,032	0,012
Fer, manganèse, alumine...............	2,870	0,025
Acide phosphorique....................	0,170	2,297
Sulfurique	0,037	0,170
Chlore....................	0,030	0,051
Silice.....................	0,090	0,017
Matières combustibles.................	96,482	97,207
	100,000	100,000

La paille de maïs est la plus recherchée par les bœufs, l'analyse chimique en montre la cause ; les parties nutritives sont de soixante-quatorze pour cent. L'auteur conclut des diverses analyses que la valeur relative des diverses pailles, comme fourrage, est différente de leur qualité comme engrais ou litière.

Comme Fourrage, on peut classer les Pailles par degré de valeur :

1.er degré, paille de Millet.	7.e degré, paille de Colza.
2 de Maïs.	8 d'Orge.
3 de Lentilles.	9 de Seigle.
4 de Vesces.	10 de Froment.
5 de Pois.	11 d'Avoine.
6 de Fèves.	12 de Sarrasin.

Comme Litière, on les classerait :

1.er degré, paille de Colza	7.e degré, paille de Pois.
2 de Vesces.	8 d'Orge.
3 de Sarrasin.	9 de Froment.
4 de Fèves.	10 de Seigle.
5 de Lentilles.	11 de Maïs.
6 de Millet.	12 d'Avoine.

Nous devons encore à M. Sprengel des expériences intéressantes sur les plantes qui offrent le plus d'avantages pour la nourriture des bestiaux. Dans le grand nombre de plantes qu'il a analysées, je vais en choisir quelques unes sur lesquelles j'appellerai l'attention de nos agronomes, et dont j'ai le projet de m'occuper par des expériences comparatives. Sous ce rapport, nous sommes bien pauvres, et une conquête de ce genre serait bien précieuse.

CHAPITRE 22.

PLANTES SUSCEPTIBLES D'ÊTRE CULTIVÉES COMME FOURRAGE.

Le Pied-d'Oiseau. (Ornithopus Perpusillus).

S'il est une plante qui mérite d'être cultivée, c'est le pied-d'oiseau ; elle vient fort bien dans les sables, forme un gazon très-épais ; il peut servir de pâturage pour les moutons, qui le mangent avec avidité. Ce fourrage végète fort bien dans les sols les plus secs, où fort peu de plantes légumineuses peuvent végéter. S'il était vivace, il ne laisserait rien à désirer.

Le Pissenlit ou Dent de Lion (Leontodon Taraxacum).

Cette plante possède tant de qualités précieuses, qu'on a lieu de s'étonner qu'elle ne soit pas cultivée depuis long-temps. Ces qualités sont :

Que toute espèce de bétail, surtout le bétail

à corne, le mange avec plaisir ; les bœufs s'en engraissent promptement, ainsi que les moutons et les vaches, qui donnent un lait délicieux, parce que la plante contient beaucoup de sel.

Excepté les sols marécageux et les sols arides, le pissenlit croît dans toute espèce de terrain. Il appartient aux plantes qui viennent des premières au printemps, et lorsqu'il est pâturé et fauché, il continue à végéter dans l'été et l'automne. Lorsqu'il est semé parmi le trèfle, la luzerne et l'esparcette, les tiges et les feuilles ont une longueur d'un pied et demi à deux pieds. Il faut seulement observer que cette plante, contenant beaucoup d'eau, est très-difficile à sécher ; elle convient merveilleusement pour faire de bons prés.

Le pissenlit est vivace, et les froids les plus vifs ne peuvent le détruire ; il en est de même de l'humidité et de la sécheresse, qui n'influent que fort peu sur sa végétation, à cause de la racine qui pénètre jusqu'à deux pieds de profondeur.

Sa culture n'offre aucune difficulté. Sa semence, qui est assez grosse, levant facilement, et pouvant être recueillie sans peine par des enfans, aussitôt qu'elle est devenue un peu brune, on étend alors les têtes sur un grenier bien aéré, on les remue pendant quinze jours, après quoi on les bat au fléau. La graine qu'on en retire peut être semée par-dessus les céréales d'hiver, avec du trèfle et autres plantes fourragères ; on doit en employer de huit à douze livres par hectare, quand on la sème avec d'autres plantes. On peut se procurer ainsi des pâturages excellens pour les troupeaux.

Le pissenlit contient, à l'état vert, douze pour cent de parties nutritives, et, à l'état sec, quatre vingt-deux pour cent. Cette plante séchée est une des plus nourrissantes que nous connaissions.

Il serait d'une si grande importance pour le Midi d'introduire la culture de cette plante précieuse, que j'ai cru devoir entrer dans des détails.

Petite Marguerite des prés, *vivace* (Bellis perennis).

Cette plante possède plusieurs qualités qui devraient engager à la cultiver ; elle a une des végétations les plus précoces, et en même temps de la plus longue durée ; car, depuis Mars, et souvent Février, elle ne cesse de croître jusqu'en Décembre. Elle ne souffre nullement des lésions occasionnées par les pieds des bestiaux, ni par la dent des moutons ; au contraire, elle surpasse toutes les autres plantes par la promptitude avec laquelle elle repousse après avoir été pâturée. Cette plante ne craint pas, comme l'herbe des prés, le séjour des volailles et des oies ; elle est de longue durée, et procure aux moutons une nourriture excellente. Les feuilles parviennent ordinairement à une hauteur de six à huit pouces, et la fenaison en est facile.

En vert, ses parties nutritives sont de dix-sept pour cent, et, en sec, de quatre-vingt-six 1/3. De sorte que c'est la plante la plus nourrissante, supérieure au pissenlit.

Pimprenelle vivace. (Poterium sanguisorba).

Les moutons recherchent cette plante, qui a l'avantage de végéter tout l'hiver ; elle supporte facilement les plus grandes sécheresses, peut être pâturée et fauchée, car elle vient à deux pieds de hauteur. Cette plante a une longue durée, et sa graine se ramasse aisément ; elle se plaît dans les terrains calcaires ; néanmoins elle vient aussi dans de bons sols sablonneux.

Les parties nutritives sont, en vert, de vingt-quatre, et de quatre-vingt pour cent quand la plante est sèche.

Lupuline. (Médicago Lupulina).

Cette plante croît partout où vient le trèfle blanc ; elle supporte les grands froids et les grandes sécheresses. Cette plante vient mieux que le trèfle rouge dans des terrains sablonneux et calcaires , et, comme elle supporte le pâturage continuel , elle devrait se trouver mêlée avec le trèfle dans une proportion de deux à un.

Ses parties nutritives sont , en vert , de seize pour cent, et de soixante pour cent en sec.

Grand Boucage vivace (Pimpinella magna).

Cette plante est parfaite pour les bêtes à corne ; dans un terrain qui lui convient, elle atteint à une hauteur de trois à quatre pieds ; elle est propre à être fauchée ; ce qui la rend précieuse, c'est qu'elle est précoce, bien garnie de feuilles , et qu'elle repousse promptement ; d'ailleurs elle supporte les plus grandes sécheresses et dure long-temps. Cette plante possède tant de bonnes qualités , que l'on peut la faire marcher de pair avec les meilleurs fourrages. On peut en toute sûreté semer le grand boucage avec le trèfle , il ne fera que l'améliorer.

Les parties nutritives sont , en vert , de

vingt - quatre pour cent, et, en sec, de soixante-neuf pour cent.

Gesse des prés. (Lathyris pratensis).

De même que le grand boucage, la gesse des prés mérite d'être cultivée, soit seule, soit en mélange ; sa végétation est précoce ; ses tiges, bien garnies de feuilles, ont de deux à trois pieds de long. Sa graine est mangée avec plaisir par les animaux , et ses fleurs sont recherchées par les abeilles. Un grand avantage de cette plante, c'est qu'elle ne gêle pas en hiver; ses tiges étant faibles, il vaut mieux la semer avec la luzerne ou le sainfoin.

Ses parties nutritives sont, en vert, de vingt-trois trois quarts pour cent, et en sec, de soixante-quatorze un quart pour cent.

Il serait à désirer que la Société d'Agriculture voulût bien charger sept de ses membres les plus zélés de faire des expériences sur chacune de ces plantes ; je serais bien flatté qu'elle voulût me mettre du nombre.

CHAPITRE 23.

A quel point de maturité faut-il couper les Blés ?

Faut-il couper nos blés un peu verts, ou

bien faut-il attendre leur parfaite maturité ?

La méthode nouvelle de couper un peu vert a été proclamée comme une découverte utile par des agronomes distingués, et signalée par d'autres comme pratique dangereuse. Chacun présentait, à l'appui de son opinion, des raisons spécieuses ; il a donc fallu en appeler à l'expérience. M. Desmichels, agronome provençal, a obtenu de plus grands produits avec des semences d'un blé parfaitement mûr ; il a même trouvé que les produits des blés d'épreuve avaient été en augmentant, ce qui paraîtrait contraire à l'expérience, qui a consacré les avantages de changer les semences ; je dois même dire, à ce sujet, que des observations faites avec soin, pendant un grand nombre d'années, m'ont prouvé une sorte de dégénérescence dans la longueur des épis de blé, quand on sème plusieurs années de suite les grains récoltés sur le même terrain ; de sorte qu'un épi de dix rangs n'en produit l'année d'après que huit, et diminue jusqu'à six. C'est d'après cette expérience que je renouvelle chaque année ma semence, en faisant trier à la main, par des femmes, les épis de douze et de dix rangs. C'est un moyen excellent d'obtenir de beau blé et bien net.

Il est impossible de fixer le moment le plus favorable de couper les blés , cela dépend des localités ; ainsi les propriétaires des cantons du Lauragais, du Tarn et le long de la montagne noire , si souvent ravagés par le vent d'Autan , et dont la perte est au moins d'un septième dans le cours de vingt années, et ceux de la Gascogne , si sujette au fléau de la grêle, doivent couper leurs blés sans attendre cette maturité parfaite que conseille M. Desmichels. D'ailleurs , en retardant de quelques jours, on s'expose à perdre une partie de sa récolte par l'effet d'un brouillard ou d'une rosée ; en effet, on peut observer que vers les premiers jours de Juillet les rosées du matin sont très-abondantes ; alors, si au lever du soleil le temps est calme , tous les épis de blé se chargent de gouttes de rosée, et , soit qu'elles fassent l'effet de la lentille, soit par toute autre cause , les rayons ardens du soleil dessèchent le grain, au point que le volume diminue de plus de moitié , et on a alors peu de farine et beaucoup de son. Le plus léger vent suffit pour prévenir cet accident.

Mais , pour revenir à l'époque de la coupe des blés , je vais rendre compte des expériences que j'ai faites à ce sujet. En 1823 , je fis couper diverses espèces de blé, telles que bladette, roussillon et graulhet, huit jours avant leur maturité ; les gerbes furent liées immédiatement et formées en tas. Huit jours après, la même quantité de gerbes furent coupées en parfaite maturité ; ces diverses gerbes furent déposées au milieu des gerbiers, et dépiquées avec soin. Voici les différences reconnues.

La bladette récoltée avant la maturité présentait un grain luisant et plein ; mais, au poids, la mesure de celui coupé bien mûr pesa cinq livres de plus ; ce serait pour un sac une véritable perte. Les blés du Roussillon et de Graulhet donnèrent une différence de huit et neuf livres en faveur du blé très-mûr. Il faut cependant observer que, dans ces huit jours, il n'y eut ni brouillard ni rosée ; et le coup-d'œil pour la vente était en faveur du blé le premier coupé. La bladette a la propriété de nourrir son grain dans les gerbiers, pourvu qu'on ait eu le soin de lier les gerbes au fur et à mesure que l'on coupe. Le roussillon a aussi l'avantage de se nourrir couché sur le sol. C'est donc un blé à semer dans les défrichemens.

D'après cet exposé, voici la marche que je suis : je sème la bladette sur les champs les plus exposés aux vent d'Autan, le roussillon dans les fonds de rivières, ou dans des défrichemens, le blé gros ou fin dans les côteaux.

A mesure qu'on coupe le blé, les hommes lient les gerbes ; on choisit le moment où la paille de la bladette est devenue jaune, tirant un peu sur le vert, nuance que les paysans appellent couleur de lézard. La paille, n'ayant pas le temps de sécher, conserve une sorte de sève qui nourrit encore le grain.

Les autres doivent être coupés plus mûrs ; cependant, si l'état du ciel, et une baisse rapide du baromètre, indice presque certain d'un vent violent, donnent des craintes, il faut se presser de faire usage de la grande faux.

En résumant ces observations, il me paraîtrait qu'il y a eu exagération dans l'exposé des deux systèmes, et qu'il faut chercher le vrai dans ce juste-milieu si prôné en politique ; et j'en conclurai qu'il ne faut couper nos récoltes, ni trop tôt, ni trop tard, et agir d'après les localités, et surtout d'après l'expérience, le grand régulateur de l'agriculture.

CHAPITRE 24.

Effets des fortes Gelées sur les Récoltes.

En 1820, une gelée de onze degrés, très-rare dans le Midi, vint porter la désolation dans nos campagnes. Une grande partie des fourrages artificiels et les avoines périrent. Il peut être utile d'en observer les effets, et de les atténuer même autant que possible.

Immédiatement après la gelée, je crus devoir fixer les pertes éprouvées par chaque espèce de blé. En conséquence, je fis placer dans un champ des cadres légers en bois, d'un mètre carré : on comptait le nombre de pieds de blé renfermés dans le cadre, en vérifiant avec soin ceux que le froid avait tués ou épargnés ; ce qui me fit connaître la proportion exacte entre les uns et les autres sur la surface de chaque champ.

Voici le résultat de mes observations.

Le blé *termini* de Sicile avait péri presque en totalité, tandis que les autres n'avaient perdu que dans les proportions suivantes :

Les bladettes semées à billons étroits ont perdu.	1/7.ᵉ
Le blé de Miracle et de Rambouillet, Pet-Dagnel.	1/11.ᵉ
Les bladettes à planches larges.	1/20.ᵉ
Le blé Castrais rouge.	1/7.ᵉ
Touzelle blanche à billons étroits semée tard.	4/20.ᵉ
Celle semée à planches vers le 18 Octobre.	1/13.ᵉ
Blé Lammas.	1/8.ᵉ
Blé de Roussillon à planches.	1/19.ᵉ
Blé de Graulhet fin.	1/14.ᵉ

Ces diverses observations nous prouvent l'importance de supprimer le mode d'ensemencer les terres en formant des billons. Il est, en effet, aisé de voir que, les fortes gelées pénétrant aisément aux racines par les côtés des billons, les blés doivent geler plus facilement que quand c'est sur une surface plane. Il y a d'ailleurs perte en grains, par la multiplicité des creux des billons.

Les pertes que je viens de signaler dans le tableau n'étaient pas considérables, mais elles pouvaient le devenir ; car, en examinant avec soin les pieds des blés qui avaient résisté à la gelée, je m'aperçus que, dans les *terres fort ,* les racines latérales étaient desséchées, et que la racine pivotante conservait seule un peu de vie. Je jugeai qu'il était urgent de prévenir le mal que pourrait produire, sur cette terre soulevée par la gelée, le vent chaud du Midi. En conséquence, je fis passer sur tous les blés un rouleau pesant, et le troupeau après, en masse serrée.

Dans les boulbènes, au lieu de rouleau, je fis passer une herse, à dents de fer rapprochées, pour enlever la croûte que la gelée avait formée. J'oserais croire que c'est à ces soins que j'ai dû la magnifique récolte que j'ai eue. Des pluies légères par intervalles, et le vent du Nord-Ouest qui régna régulièrement quand le blé monta en épi, favorisèrent la croissance des rejetons de chaque pied. Il n'y eut presque pas de rosée, de manière que la maturité se fit parfaitement.

Il était important de constater le produit en gerbes de chaque variété de blé, et la quantité d'hectolitres que les gerbes produiraient. C'était la meilleure manière de se fixer sur les espèces de grains qu'il serait plus avantageux de cultiver, et j'espérai par là éviter aux agriculteurs des essais inutiles, souvent dispendieux.

PRODUIT D'UN DEMI - HECTARE.	EN GERBES.	PRODUIT D'UN DEMI - HECTARE.	EN SEMENCE PAR 1,450 CANNES. semence.		PRODUIT DE 100 GERBES. hectolit.ᵉ	
La bladette.	148	La bladette à produit.	10	1/4	7	4 m.
Lammas.	160	Le Lammas.	8	1/4	6	5
Castrais rouge.	132	Le Castrais.	7	3/4	6	5
Le Roussillon.	134	Le Roussillon.	8	1/2	6	7
Le Pet - Dagnel.	135	Le Pet - Dagnel.	11	1/2	9	0
Rambouillet.	174	Le Rambouillet.	11	1/3	8	1
Graulhet.	136	Graulhet.	6	3/4	6	0
Le Miracle.	96	Le Miracle.	5	1/4	5	6
Touzelle blanche.	133	Touzelle blanche.	8	1/2	5	7
Méteil.	165	Le méteil.	13	1/4	8	6
Seigle.	148	Le seigle.	9	1/3	6	7
		Avoine sur écobuage semée en février.	35		13	0

Le blé de Rambouillet me paraît mériter l'attention des cultivateurs; il donne beaucoup de paille, est peu sujet à verser, et son épi résiste plus que celui des autres blés aux ravages du vent d'Autan.

Je conclurai de ces essais, et de ceux que j'ai continué de faire, qu'on pourrait cultiver avec avantage, la bladette, le roussillon et le graulhet dans les *terres fort* de bonne qualité; la touzelle blanche dans les *boulbènes*; le méteil dans les *boulbènes* qui craignent les herbes, et le seigle dans les *boulbènes* sablonneuses.

CHAPITRE 25.

Dépiquage des Blés.

Il existe un grand nombre de manières de battre les blés, mais toutes sont imparfaites; c'est en vain que l'agriculture demande à la mécanique une machine simple, bon marché, et facile à transporter; ce serait cependant un grand service à rendre à son pays, car on peut évaluer à un douzième la perte en grains occasionnée, dans le Midi, par le vice dans notre manière de battre, par les pluies imprévues, et par la négligence des paysans.

Dans le Midi, où, grâce à notre beau climat, nous pouvons battre en plein air, il existe plusieurs modes de dépiquage. Dans le Bas - Languedoc , on est dans l'usage de se servir de chevaux et de mules. Cette opération offre au propriétaire l'avantage d'avoir sa récolte promptement dans ses greniers; la paille brisée par les pieds des chevaux est meilleure pour la nourriture des bestiaux ; mais l'inconvénient , dans le Haut-Languedoc , serait de se procurer des chevaux pour cet usage. Il a donc fallu se servir de l'antique fléau , qui peut-être est une des meilleures manières de battre les blés , mais qui exige une grande dépense. Cette manière s'opère au moyen d'une espèce de traité passé avec un certain nombre d'ouvriers , qui se chargent de couper , battre et rentrer la récolte dans le grenier , moyennant une redevance, qui varie du septième au neuvième, selon que la population peut fournir plus ou moins de bras.

En Angleterre , et dans le Nord de l'Europe, on a adopté généralement la Machine Suédoise. C'est , sans nul doute, la meilleure manière de battre les grains ; mais elle ne peut convenir, par son prix élevé (900 fr.) , qu'à de grands domaines et à une seule exploitation. Avec la division de nos propriétés en métairies , il est impossible d'en faire usage , et il n'y aurait que quelques positions particulières, où on aurait une chute d'eau pour moteur, qui pût présenter des résultats avantageux (1).

Depuis plus de vingt ans, un grand nombre de propriétaires ont adopté la méthode de battre les blés avec des rouleaux en bois, montés avec avant-train, et traînés au trot. Les résultats ont été satisfaisans, mais toujours dispendieux, à cause de l'emploi des chevaux. Cet inconvénient a amené à essayer les rouleaux sans avant-train, trainé par des bœufs, pendant les six heures de la grande chaleur. Ce moyen si simple, qui laisse sans doute quelque chose à désirer, a été adopté par un grand nombre de propriétaires du Castrais. M. de Lastours l'a établi dans toutes ses métairies. Malgré que ce rouleau soit cannelé, et forme un battage de six pouces de hauteur, son effet est bien plus produit par la pression sur les

---

(1) Mon honorable ami , M. de Boissesson, dont les connaissances et la fortune lui permettent de se livrer à des créations utiles , vient de construire, aux environs de Castres , un canal souterrain de six pieds de large sur six pieds de hauteur , et de plus de cinquante toises de longueur, qui, prenant l'eau de l'Agout à son niveau , la rend à la sortie avec six pieds de chute. Il a le projet d'arroser de grandes et vastes prairies , et d'établir le battage de sa récolte avec une Machine Suédoise, mue par l'eau. On ne saurait trop applaudir à cet esprit industriel des Castrais

épis qu'elle égraine par le frottement, que par celui des cannelures ; il y a même un vide , auquel on ne peut remédier qu'en passant souvent le rouleau. C'était cependant beaucoup que d'obtenir un bon résultat par un moyen simple et économique. Depuis quelques années, des agriculteurs, du côté de Toulouse , ont substitué le rouleau en pierre , sans cannelure , à celui en bois ; cet usage s'est étendu peu à peu dans le Gers, et maintenant dans le Castrais. Il paraît que l'adoption de ce rouleau en pierre présente de grands avantages, soit par la solidité , soit par l'économie ; il convient aux grands domaines comme aux médiocres , et, quoiqu'il laisse encore des améliorations à désirer , il doit être employé dans nos exploitations, jusqu'au moment qu'on aura découvert quelque machine qui réunisse toutes les qualités nécessaires pour bien extraire le grain de la paille.

Je vais donc faire connaître les dimensions du rouleau en pierre , et la manière de s'en servir. Pour présenter des documens exacts , établis sur une expérience de plusieurs années, j'ai eu recours à l'obligeance de M. le comte Alexandre de Sers , loyal militaire , qui, ayant échangé son épée contre une charrue , a vu le début de sa carrière agricole marquée par de brillans succès ; voici les renseignemens qu'il a bien voulu me donner :

Rouleau en Pierre.

Le rouleau en pierre pour dépiquer les récoltes des céréales, n'est autre chose qu'un bloc de pierre arrondi, ayant la forme d'un cône tronqué. Promené par des bœufs sur une aire couverte de gerbes de blé, il force par son poids le grain de sortir des épis ; il lamine la paille, la rend douce et plus appropriée à la nourriture des bestiaux.

M. de Sers donne à son rouleau trente-deux pouces de longueur, trente-six pouces de hauteur du grand côté, et trente-quatre du petit côté (1).

Un autre agronome, des environs de Toulouse, a bien voulu me donner des détails sur le rouleau qu'il emploie. Le sien n'a que vingt-huit pouces de longueur, trente-sept pouces de hauteur, et trente-quatre au petit côté.

Sur une aire de vingt cannes carrées, il laisse autour du poteau, planté au centre, quatre cannes de vide ; M. de Sers n'en laisse qu'une canne et demie. Sur cette étendue de

____

(1) On trouvera le plan de ce rouleau dans un petit mémoire inséré dans le journal des propriétaires ruraux.

sol , il étend 5oo gerbes coupées haut , et sur
une épaisseur de six à sept pouces , pouvant
produire de quarante - huit à cinquante hectolitres. Douze personnes , hommes et femmes ,
emploient deux heures à ce travail, qui est
terminé à huit heures. Il faut avoir le soin
de placer les gerbes de manière que les épis
soient tournés du côté du poteau, et forment,
autour , des cercles concentriques.

A neuf heures , le rouleau , attelé d'une paire
de bœufs , monte sur la paille , décrivant des
cercles de la circonférence au centre. Pendant les premiers tours , les ouvriers doivent
avoir soin de serrer la paille , après que le
rouleau est passé , afin que les épis qui se
seraient écartés soient ramenés sous le rouleau. Cette première opération dure une heure
et demie , en faisant quarante - cinq tours.
Le rouleau arrivé au centre , on le ramène
à l'extérieur en recommençant la même opération en sens contraire. Il faut surveiller
que la corde soit également tendue. Cette
seconde opération est moins fatigante ; elle
dure une heure et demie. Les bœufs ren-
trent à l'écurie. Puis l'on retourne la paille ,
et on la laisse se chauffer au soleil.

A une heure , l'on revient sur l'aire avec
de nouveaux bœufs , et l'on recommence la

même opération, qui ne dure qu'une heure et demie. A mesure que les bœufs quittent les bords extérieurs, les journaliers doivent tourner et secouer la paille avec soin, et commencer les tas. Pour être bien certain de ne pas laisser des épis, il faut, après le premier tour extérieur des bœufs, faire remuer la paille avec des fourches comme on fane le foin, et ne former les tas de paille qu'après que les bœufs seront revenus du centre à la circonférence (1).

Mais, pour être certain de l'opération, il faut avoir à côté du sol une petite aire de trois à quatre cannes carrées, sur laquelle on bat un certain nombre de gerbes, on en compare le produit avec celui de la grande aire, en ayant égard au nombre de gerbes. Cet essai doit être fait avec le fléau.

Les agronomes qui ont adopté le rouleau en pierre, observent que sa pesanteur ne va pas jusqu'à briser le grain, surtout si on a le soin de balayer tout au tour de la circonférence les grains qui auraient pu être jetés en dehors. Il paraît que les avantages de cette méthode sont une paille plus douce,

---

(1) J'ai cru devoir indiquer ce retard à former les tas de paille, quoiqu'il soit contraire à l'indication qu'on m'a donnée ; cet excès de bien ne peut nuire.

Que les épis ne sont jamais coupés,

Qu'il n'y a presque pas de blé vêtu ,

Et que l'opération est plus expéditive , et permet de vanner le jour même.

Il y a encore une précaution essentielle à prendre : c'est que, quand on enlève les tas de paille , il faut les former avec la fourche en la secouant, ne pas traîner les tas sur le sol , et ne prendre aucune portion de la paille sans l'avoir bien secouée.

Dans ce moment on confectionne à Paris une Machine Suédoise dans de petites proportions , et dont le prix peu élevé permettra l'introduction dans nos petits domaines.

On vient aussi d'inventer à Montpellier une machine dont on attend de grands succès.

Il faut cependant observer qu'en faisant usage des nouvelles machines , même des rouleaux , l'usage de couper les récoltes avec la grande faux aura l'inconvénient de retarder le travail des machines ; ce qui n'arriverait pas en coupant les blés un peu haut, et en fauchant, après, les chaumes. Cet inconvénient a donné l'idée à quelques propriétaires de couper en travers les gerbes avec la hache au moment de les étendre dans le sol. Ce moyen serait sans doute fort utile , s'il était prouvé qu'on ne laisse pas des épis dans le bas des gerbes.

CHAPITRE 26.

Papillons, Charançons.

Ce n'est pas tout d'avoir sa récolte dans son grenier, il faut encore la préserver de divers accidens. Il y a, aux environs de Toulouse, des cantons où le blé est sujet à *chauffer*, ce qui oblige le propriétaire à s'en défaire tout de suite. Les papillons sont la suite de cet échauffement des blés, et alors un grand nombre de paysans s'occupent de chasser ces papillons, qui ne sont pas la cause du mal, mais bien l'effet. Les charançons, au contraire, dévorent le blé, et se multiplient tellement, qu'ils font de grands ravages. J'ai recherché pendant bien des années des moyens préservatifs, et après bien des essais je suis parvenu à m'en préserver. Depuis dix années, je n'ai éprouvé aucun accident de ce genre, mais en suivant exactement la marche que je vais tracer.

La nécessité où nous sommes, par la crainte du vent d'Autan, de couper nos blés avant leur parfaite maturité, les rend susceptibles de *chauffer* quand on les met en grand tas; j'oserais croire que la première cause de cet effet est la chaleur que produit le vent d'Autan, sur le blé que l'on vanne; il est à présumer que ce vent, qui a tant d'influence sur les liquides et même sur le corps humain, agit aussi sur la partie humide de l'intérieur des grains, et produit une fermentation qui augmente par le plus ou moins d'épaisseur des tas de blé. J'ai fait bien des expériences à ce sujet, et toujours j'ai observé que le blé vanné avec le soleil, quand le vent soufflait du Sud-Est, et qu'on enfermait dans le grenier, était très-chaud le lendemain, tandis que celui qui ne l'avait été qu'avec le vent d'Ouest, ou mieux Nord-Ouest, se conservait en bon état. Ces expériences m'ont amené à ne vanner que par le vent de Bise, Ouest ou Nord-Ouest, à étendre le blé dans le grenier, et à le remuer pendant quelques jours ; j'ai évité aussi la fermentation.

Cet échauffement des blés, quand ils ont été vannés avec le vent d'Autan, occasionne une fermentation intérieure qui fait éclore les œufs qui ont été déposés dans les grains de blé lors de leur formation, sans qu'on puisse expliquer de qu'elle manière. Le petit insecte qui doit son existence à cette fermentation se nourrit de la farine du grain, et, quand il a acquis toute sa croissance, il en perce le tissu et s'échappe en papillon. Plusieurs personnes ont recherché les moyens d'éloigner les papillons quand ils sont nés ; c'est trop tard et fort inutile, puisque le papillon a fait tout le mal, et ne se nourrit que de la farine du grain. C'est surtout quand le grain a été mouillé sur l'aire par quelque orage, qu'il faut le faire sécher avec soin ; sans cela, la fermentation s'établit promptement.

On peut observer ce même effet sur les vesces, les pois, les gesces, les ers, les lentilles. Les paysans disent que ces légumes se *cussonnent*, et alors, pour l'éviter, ils les trempent dans de l'eau bouillante ; de cette manière, ils empêchent le développement de l'insecte.

Mais l'ennemi bien autrement redoutable est le charançon. C'est vainement qu'un grand nombre de savans ont recherché des préservatifs ; les herbes à odeur forte, les cuirs, le souffre, n'ont produit aucun résultat satisfaisant. Si on examine avec attention l'existence de cet insecte, on trouve qu'il se multiplie dans une progression telle, que chaque charançon produit, dans l'espace de trois mois, en deux pontes, 680 petits insectes; que chaque charançon, dès qu'il est né, attaque un grain de blé dont il se nourrit, et dans lequel il dépose ses œufs ; si on remue les tas de blé, on peut les éloigner momentanément ; mais , réfugiés sur les murailles et les fentes des planchers , ils reviennent bien vîte dans les tas et recommencent leurs dégâts. On peut en diminuer la quantité en faisant passer en dehors le blé au ventilateur , mais ce n'est que pallier le mal. Le moment de leur reproduction étant les mois de Mai et de Juillet , il est important de ne pas leur fournir le moyen de se reproduire. Ce fut en 1820 que mes greniers furent tellement infestés de charançons, que la farine en avait pris une odeur désagréable, je m'empressai de vendre tous mes grains , je fis bien nettoyer les greniers , blanchir les murailles avec une eau de chaux bouillante , répandre de l'eau bien chaude dans toutes les fentes des plăchers et sur le carrellement.

Au mois de Mai, les charançons qui s'étaient réfugiés dans les planchers supérieurs et dans des trous descendirent pour faire leur ponte ; mais, ne trouvant aucune espèce de grains , ils périrent tous, et je pus enfermer ma récolte sans crainte dans le même grenier ; depuis je n'ai plus eu de charançons. Je ne saurais trop engager les agronomes à soigner leurs blés dans les greniers , ils éprouveront sans cela une perte d'autant plus considérable, que les minoteries ne donnent une valeur aux blés qu'en raison de leur pesanteur. Ainsi un hectolitre qui aura été attaqué par les papillons et les charançons ne donnera pas 130 livres de farine, tandis que celui qui est bien sain donnera 158 et 160 livres, la perte est donc bien considérable.

Les serre-piles sont presque toujours une cause de reproduction des charançons. Pour y remédier, je conseille d'enlater la toîture avec des briques plates de quatorze pouces de longueur, jointes ensemble avec un peu de plâtre ; cela a l'avantage de préserver des rats. Avant la récolte, on garnit les murailles de serre-piles de fagots que l'on place droits, appuyés aux murs ; on en place sur le carrellement, en y ajoutant un peu de paille ; puis on met le feu et on ferme les ouvertures ; aucun insecte ne résiste à cette forte chaleur. Il n'y a rien à craindre pour les chevrons.

CHAPITRE 27.

Maïs.

Je n'entrerai pas dans les détails de la culture du maïs, ils se trouvent au long dans mon Manuel.

J'observerai seulement que depuis quelques années on préfère semer le maïs blanc au lieu du maïs jaune. Les observations que j'ai été dans le cas de faire m'ont amené à croire qu'il serait plus avantageux de cultiver le maïs blanc sur les boulbènes, et le roux sur les terres fort ; peut-être même faut-il préférer le blanc sur cette dernière qualité de terre, depuis que beaucoup de minotiers employent d'une manière frauduleuse la farine de maïs blanc dans la confection des farines de minot ; ils ajoutent à la farine de blé un cinquième de farine de maïs blanc. La fraude est cependant aisée à reconnaître, au printemps, à l'odeur que donne alors la farine de maïs. Le *rendement* en pain est fortement diminué.

On avait trouvé un grand avantage à donner une portion des terres destinées au maïs, à des solatiers qui se chargeaient de les pelleverser à moitié fruits ; je répèterai, à ce sujet, que, si ce travail se fait avant l'hiver, c'est une excellente opération ; mais que, s'il ne se fait que dans l'hiver, temps où les terres sont trop humectées, il vaut mieux les faire labourer de bonne heure, et donner le reste des travaux à solatage, c'est-à-dire au septième.

Généralement on sème les maïs trop rapprochés ; on n'obtient pas par là de meilleurs résultats. Après bien des essais, j'ai trouvé qu''il faut espacer les rangées de maïs de trente pouces, et celles des plantes entre elles de vingt-quatre pouces.

On manque souvent de locaux pour placer la récolte de maïs, surtout dans les années d'abondance. Voici un moyen d'y remédier : il faut faire faire grossièrement des claies de dix à douze pieds de longueur sur six pieds de large, formées avec des liteaux de peuplier ou de sapin, espacées d'un pouce, et la claie a, sur ses quatre côtés, un rebord de quatre à six pouces ; on place trois de ces claies à côté les unes des autres, et successivement dans la partie du grenier où on n'a pas de blé ; ces claies sont soutenues par de légers tréteaux. De cette manière, on a du maïs sur le plancher et encore au-dessus sur les claies ; on peut même mettre ce maïs à une grande épaisseur, l'air, circulant à travers les liteaux, le sèche promptement ; ces claies, au moment de la récolte du blé, peuvent s'enlever et être mises en réserve.

Les propriétaires soigneux mettent de côté les épis les plus beaux, et dont le grain est bien mûr ; ils laissent à chaque épi les dernières feuilles de l'enveloppe, au moyen desquelles, en les liant deux à deux, ils peuvent les suspendre dans le grenier ; ils ont ainsi une belle semence.

Le papetou est très-bon pour brûler ; c'est le charbon des pauvres ; on l'emploie aussi pour le remplissage des cloisons sourdes ou des plafonds noyés. Cent sachées ou hectolitres de maïs en épis produisent de quarante à quarante-cinq hectolitres de grain, et quatre-vingt sachées de charbon blanc. Quand on est près des villes, on vend la sachée dix sous, mais, dans nos campagnes, de cinq à six sous seulement.

Époque la plus avantageuse pour vendre le Maïs.

D'après un grand nombre d'essais, il a été démontré que le maïs en épis, renfermé dans un sac de la contenance d'un hectolitre de grain, donne, égrené, dans le mois de Novembre . . . . 45 litres 98 centilitres.

En Mars 37   78
En Août 35   70

Pour donner aux propriétaires la facilité de se décider pour les ventes du maïs, je vais donner le calcul tout fait.

LORSQUE LE MAÏS EST VENDU EN NOVEMBRE.	L'ON EN TIRE LE MÊME PARTI QUE S'IL ETAIT VENDU	
	EN MARS.	EN AOUT.
francs.	francs cent.	francs cent.
6	6 13	6 44
6	7 36	7 75
7	8 58	9 01
8	9 81	10 30
9	11 04	11 59
10	12 27	12 88
11	13 49	14 16
12	14 72	15 45
13	15 94	16 71
14	17 17	18 03

Emploi du Maïs pour les Engrais des Animaux.

Dans le Lauragais et une partie du Castrais, on est dans l'usage , pour la culture des domaines avec des métayers à moitié fruits, d'engraisser deux , trois , et même quatre cochons, que l'on vend quand ils sont complètement gras. C'est avec le produit que les métayers payent leur support d'impositions. Lors du partage de la récolte de maïs , le maître laisse aux métayers sa part de maïs pauvre ; les métayers y joignent leur part , quelques fèves, le son de leur consommation de blé , et ils sont chargés de tous les soins des engrais.

Dans un grand nombre de métairies , on a aussi l'usage d'engraisser des oies et des canards. Le maître fournit la moitié des grains nécessaires. Quand il y a dans la métairie une bonne ménagère , on obtient de bons résultats. Je dois cependant dire qu'on rencontre souvent, dans ce genre de spéculation , quelque abus, le maître fournissant la plus grande partie des frais. Afin de mettre à même le propriétaire de se rendre compte de l'aperçu des frais , et en même temps pour son ménage de se fixer sur l'avantage ou la perte qu'il peut éprouver selon le haut ou le bas prix du maïs, je vais rendre compte de quelques expériences.

Vingt-quatre oies , achetées le 24 Octobre , à quatorze francs la paire , consommèrent jusqu'au 1.er Décembre quatre hectolitres de maïs ; elles furent ensuite gorgées jusqu'au 21 du même mois avec cinq hectolitres de maïs , neuf en tout ; chaque oie pesait à cette époque vingt livres , ancien poids , et les vingt-quatre furent vendues 277 fr. Il y a donc eu de profit 109 fr. pour représenter neuf hectolitres de maïs , qui , de cette manière , s'est vendu 12 fr. , tandis qu'il ne valait que six francs au marché. Il est aisé de voir que , si le prix du maïs avait été de quatorze à quinze francs, il y aurait eu perte. Au reste le succès de ce genre de spéculation est peu certain, cela dépend du prix de vente, qui suit ordinairement le prix du maïs.

Il paraîtrait, d'après un essai que j'ai fait, qu'il y aurait plus d'avantage à engraisser des canards.

Quarante canards mulards, dont le prix est ordinairement de trois francs la paire, consomment de cinq à six hectolitres de maïs. Le prix de vente a été 150 fr., ce qui porte le prix de vente du maïs à seize francs cinquante centimes, terme moyen.

Les chapons, engraissés par de bonnes ménagères, offrent aussi des avantages quand on est près des villes.

Voici un aperçu des frais de nourriture des animaux d'une basse-cour :

CE QUE CONSOMMENT PAR JOUR,

EN GRAINS.	ANIMAUX ET VOLAILLES.	SI ON LES GORGE.	S'ILS MANGENT A VOLONTÉ.	S'ILS NE MANGENT QUE POUR VIVRE.
		litres.	litres.	litres.
	Cochon de 18 à 20 mois. .	. . . .	6,000	3,600
	Cochon de 15 à 18 mois. .	. . . .	4,000	2,400
En maïs.	Oie.	1,000	0,500	0,300
	Coq-d'Inde.	0,500	0,350	0,210
	Canard.	0,500	0,250	0,150
	Chapon.	0,225	0,150	0,090
	Poule.	0,180	0,120	0,072
	Poulet.	0,135	0,090	0,054
Maïs	Pigeon de volière.	0,150	0,080	0,048
et vesces.	Pigeon fuyard.	0,120	0,070	0,042

CHAPITRE 28.

Constructions Rurales.

Nos jeunes agronomes ne sauraient trop se prémunir contre la tendance, qu'ont presque tous les propriétaires résidans à la campagne, à construire des bâtimens ruraux ; prenant pour architectes de simples maçons, ils élèvent des bâtimens où l'on ne trouve, ni utilité, ni bon goût, et souvent peu solides ; cependant les moyens d'instruction ne manquent pas ; ils pourraient consulter l'excellent ouvrage de M. le comte de Saint-Félix Maurémont sur l'architecture rurale, ils y trouveraient les moyens de construire à bon marché et solidement. Mais, il faut en convenir, ces constructions sont pour les agronomes des moyens de distraction, même de douces jouissances ; les raisons pour satisfaire leur goût ne leur manquent pas. Comment, en effet, laisser subsister, dans ce siècle de progrès, des étables séparées des granges, dont la construction est digne des temps de barbarie, qui ne sont éclairées que par des lucarnes tapissées de toiles d'araignées. Notre agronome calcule qu'en réunissant ses bœufs dans une seule écurie il y aura une économie d'éclairage, qu'un seul homme pourra soigner tous les bestiaux. S'il construisait une belle grange au-dessus de l'écurie, elle donnerait la facilité de distribuer le fourrage avec économie. Un grand hangar pour conserver les pailles et les charrettes est absolument nécessaire.

Il réfléchit qu'il a les matériaux chez lui, les transports faciles, et puis il a bien vendu sa laine ; la récolte donne les plus belles espérances ; la récolte en Crimée a été mauvaise, il vendra la sienne à un bon prix ; les orages sont rares cette année, il aura beaucoup de vin ; il se décide à construire.

Le plan est bien simple : dix paires de bœufs sur deux rangs, la porte, un lit pour un valet et l'escalier au-dessus, ce sera cent pieds de longueur ; il donnera une largeur suffisante pour que les charrettes puissent entrer dans l'écurie et charger le fumier ; le toît de la grange sera construit en forme de voûte, il évitera ainsi le système des fermes beaucoup trop coûteux (1). La construction décidée, il faut en supputer la dépense ; il l'évalue à 5,000 francs, ne tient aucun compte

---

(1) Mon écurie est construite ainsi. En principe, quand on fait faire des plans de constructions rurales par des architectes, on peut, en toute sûreté de conscience, calculer sur un tiers en sus de l'estimation.

des changemens, des difficultés imprévues et de nombreux mécomptes ; mais enfin il en est quitte pour 8,000 francs. Enchanté de cette belle construction, il convoque ses voisins pour avoir leur approbation. Après leur avoir donné un bon dîner, ce qui porte toujours à l'indulgence, nos agronomes examinent dans le plus grand détail cette belle écurie, la grange et le hangar supportés par des piliers en pierre de taille. Un des voisins, tout en rendant justice au talent de l'architecte, oserait croire qu'on eût pu adopter un plan plus économique ; un jeune homme, tout frais moulu de l'école Polytechnique, prend le mètre, et décide qu'il eût fallu, pour la règle, donner aux fenêtres et à la porte un centimètre et trois millimètres de plus de hauteur ; enfin un vieux agronome observe que, dans un domaine si étendu, il croirait qu'il y aura quelque inconvénient à centraliser tous les bœufs de travail, qu'ils perdront un temps précieux pour aller labourer les champs éloignés, et pour les transports des fumiers, surtout dans les côteaux et avec les chemins de service si mauvais ; que ces inconvéniens ne seront pas compensés par la surveillance qu'on peut exercer en n'ayant qu'une seule écurie ; il croit que ce système peut être bon en théorie, comme dans les plaines de la Beauce, mais non pas dans la pratique du pays. Le propriétaire, peu satisfait, réfléchit que ses ancêtres avaient construit de petites métairies pour faciliter les travaux, et cela d'une manière économique; il calcule qu'avec ces 8,000 francs il eût pu acheter telle pièce qui est bien à sa convenance, et il se promet bien de s'en tenir à réparer.

C'est là mon histoire (1), et apparemment celle d'un grand nombre d'honorables agronomes.

Jadis la chasse et la pêche faisaient l'existence de nos aïeux; mais, depuis qu'il n'y a plus de droit de chasse que pour les braconniers, et qu'on empoisonne les rivières, le propriétaire a cherché d'autres jouissances. Chaque petit domaine a voulu avoir son parc anglais, les châteaux se sont multipliés à mesure que l'on partageait les grands domaines; on en est revenu aux formes gothiques, les vieux créneaux ont reparu, et le luxe des bâtimens, surtout dans l'intérieur, est venu au point

---

(1) Je dois avouer que j'ai eu tort de satisfaire mon goût pour les constructions rurales. J'avais fait bâtir, dans le Lauragais, une métairie complète, vrai modèle de ce genre; elle m'avait coûté 15,000 francs. J'ai vendu ce bien, et mes constructions n'ont été comptées pour rien.

qu'on n'a pas reculé pour la dépense d'un château , souvent peu solide , devant 100,000 fr. ;
et cependant, quand il faudra partager le domaine entre plusieurs enfans, ce château sera
estimé à peine 25,000 francs en composition
de patrimoine.

Quoique cette passion de construire ait son
bon côté, puisqu'elle fait vivre un grand nombre d'ouvriers, qu'il me soit permis de donner
le conseil d'éviter le luxe pour les bâtimens
ruraux , c'est un capital mort. Il n'y a que les
riches propriétaires qui peuvent se livrer à
des dépenses de ce genre , et peut-être même
est-ce un tort, avec la législation qui régit les
successions , dont l'effet doit être nécessairement la destruction des grands domaines.

On s'étourdit sur les graves inconvéniens que
doit avoir pour notre belle patrie la division
de la propriété , et cependant la prospérité de
l'agriculture et , par suite, celle de la France
sont menacées par ce dissolvent qui agit plus
promptement qu'on ne le croit (1).

Il en est de même des forêts , dont les défrichemens doivent amener nécessairement la
rareté des bois , et la diminution des sources
des montagnes.

---

(1) Voir à la fin la note à ce sujet.

CHAPITRE 29.

Glacières Portatives.

Il est extraordinaire que, dans un climat aussi chaud que le nôtre, l'usage de la glace soit à peu près abandonné dans nos campagnes, et même dans les villes. Anciennement tous les châteaux avaient leur glacière, luxe utile dans ces anciens temps, où l'on attachait du prix à tous les moyens d'entretenir la force et la santé. Quelques amateurs de ces anciens usages, et je suis du nombre, se servent de glacières portatives, inventées à Paris. Ce meuble est bien simple ; il a la forme et la dimension d'une barrique ordinaire, toute doublée en plomb dans l'intérieur, et en dehors revêtue d'une sorte de matelas de laine, recouvert d'une toile cirée, clouée parfaitement sur le bord en plomb. Dans le fond, à six pouces de hauteur, est fixé un châssis en bois, sur lequel repose la glace. Au-dessous, est placé un tuyau en cuivre, ressortant en dehors, mais faisant un coude, de manière que le robinet qui est à l'extrêmité, pour laisser évacuer l'eau de la glace fondue, se trouve un peu plus élevé que le châssis intérieur. Au-dessus de la glace, on place un morceau de laine épais, pressé par un couvercle en bois, doublé de plomb, qui ferme parfaitement la barrique. De cette manière, on peut conserver de la glace pendant quinze jours ou trois semaines.

CHAPITRE 30.

Outils Aratoires.

On ne saurait trop apporter d'économie dans le nombre des outils et machines qu'il faut employer dans l'exploitation d'un domaine. Le riche propriétaire doit se livrer, dans l'intérêt de la science, à un certain luxe de machines, que le père de famille peu fortuné doit éviter. Il est juste de dire que presque toujours l'expérience fait justice de ces belles inventions, si prônées dans les journaux ; bientôt toutes ces belles machines vont garnir les galetas.

Je vais indiquer celles qui me paraissent indispensables, quand on cultive un domaine où l'on répand 80, 100, 150 et même 200 hectolitres de semence.

Charrues.

Depuis quelques années, les savans agronomes se sont occupés d'enrichir notre pays d'une charrue parfaite ; et cependant, après bien des essais, il n'est pas prouvé que nous ayons apporté une grande amélioration à celle dont se servait le père *Adam*. Avec le peu de soins que les paysans apportent à conserver les outils aratoires, il faut nécessairement adopter les machines les plus simples et à meilleur marché.

Certainement une charrue qui pénètre dans le sol de quatorze à quinze pouces de profondeur, présente de grands avantages, quand les couches inférieures sont de bonne qualité ; mais si, après la couche supérieure, on rencontre une terre infertile, comme on en trouve sur les côteaux, il est facile de voir qu'on a fait une mauvaise opération ; aussi c'est pour remédier à ce grave inconvénient que j'ai indiqué ma méthode de défoncement, qui, donnant le moyen de remuer le sol à une profondeur de dix-huit pouces, ne transporte cependant à la surface qu'une partie de la couche inférieure.

On a adopté, du côté de Carcassonne, une charrue qui ne diffère de celle dont nous nous servons qu'en ce qu'elle est mieux montée, et que le versoir est en fer battu. C'est sur ce modèle que j'ai fait construire toutes mes charrues, avec la seule différence que j'ai remplacé le soc pointu par un soc large, ayant onze pouces de hauteur, cinq pouces de large en bas et huit en haut. Je ne saurais trop recommander ce changement, devenu presque général dans le Castrais (1), et adopté même par les métayers à moitié fruits ; c'est sans doute la meilleure preuve qu'on peut donner de ses avantages. Le prix d'une charrue toute montée ne dépasse pas trente francs.

Herses.

Trois herses me paraissent nécesssaires :

1.º Une herse triangulaire, garnie de couteaux en fer de sept pouces de hauteur. Passée immédiatement après chaque labour, elle prépare parfaitement les terres ;

2.º Une herse triangulaire, très-légère, garnie de clous de cinq pouces de hauteur, assez rapprochés. Elle est nécessaire pour couvrir les semences de printemps, et même celles du blé dans les automnes pluvieux ;

3.º Une petite herse triangulaire, semblable à la précédente, avec la différence qu'elle est un peu bombée. Il faut les clous très-

---

(1) M. de Mac-Mahon, prévenu contre ce changement, a voulu en faire l'essai lui-même. Je fis travailler devant lui plusieurs charrues, et il se convainquit de la supériorité du travail du soc large. C'est peut-être contraire au raisonnement, mais *expérience passe science.*

rapprochés, de trois à quatre pouces de hauteur. Voici à quel usage elle peut servir :

Si, après avoir semé les boulbènes parfaitement sèches, il survient une forte pluie qui serre la surface de la terre, et qu'il vienne ensuite une série de beaux jours, le grain germe dans la terre, mais ne peut percer la croûte, et périt insensiblement. J'ai éprouvé deux fois cet accident, et ce n'est qu'en passant cette herse légère que je suis parvenu à remédier à cet inconvénient. En passant cette herse, traînée par un cheval, dans le sens des planches, allant et revenant, elle fait l'effet d'un peigne, soulève les croûtes de la superficie, et au bout de quelques jours on aperçoit les pointes du blé sortir en quantité.

Note sur le Semoir Hugues.

Je venais de terminer ce petit mémoire, quand j'ai reçu le rapport des nombreuses expériences faites dans presque tous les départemens, pour constater les effets avantageux du semoir de M. Hugues, de Bordeaux.

Un agronome qui ne craint pas de parcourir douze cents lieues en poste pour propager une découverte utile à son pays, dédaignant d'en faire une spéculation, ne peut qu'acquérir des droits à la reconnaissance de tous les agriculteurs , surtout quand il n'a d'autre motif dans cette entreprise que celui du bien public. Lors de la publicité que M. Hugues a donnée à son semoir, je trouvai que le prix élevé de cette machine devait nécessairement s'opposer à cet usage. Maintenant il y aura plusieurs semoirs de divers prix , et perfectionnés.

L'unanimité que j'ai trouvée dans les éloges d'un si grand nombre d'agronomes , et dans toutes les parties de la France , me fait un devoir d'appeler l'attention des propriétaires sur une machine qui peut rendre de grands services à l'agriculture. Il résulte de divers rapports que ce semoir est léger, et peut être aisément mis en mouvement par un seul cheval de moyenne force. Il peut semer clair ou épais à volonté. Veut-on semer la plante que l'on sème , le semoir dépose un engrais sur la graine semée. M. Hugues a non seulement perfectionné le mécanisme de sa machine, mais il y a joint un sarcloir ingénieux. Voici comment s'exprime sur le semoir le conseil agricole de Mirebeau. « L'expérience de cet instrument a parfaitement réussi, et les spectateurs, peu disposés d'abord en sa faveur, sont devenus émerveillés de ses résultats. »

Dans le département de l'Aube, les produits du semoir Hugues, comparés avec ceux des semailles ordinaires, a été comme seize à trente et un.

Un agronome de la Haute-Marne, dans son rapport d'expériences, cite un fait remarquable ; c'est que la graine de luzerne semée avec le semoir atteignit au bout de trois mois dix-huit pouces de hauteur, tandis que celle semée à la volée paraissait à peine. On devrait déduire de ce fait que nous ne semons pas la graine de luzerne à une profondeur suffisante.

Il serait trop long d'énumérer les départemens qui se sont empressés de constater les avantages que présente le semoir Hugues. Il résulte de cet ensemble de rapports :

Que ce semoir est parfaitement construit ; qu'il donne les moyens de semer en ligne toute espèce de grains , et les graines des fourrages artificiels ;

Qu'il économise le temps , le bétail et la semence ;

Que chaque espèce de grain peut être recouvert de terre à la profondeur qui lui convient ;

Que ces grains en ligne donnent les moyens de les sarcler. Voici maintenant le prix de ces semoirs perfectionnés : semoir à 7 tuyaux 400 fr. , à trois tuyaux 300 fr. , à quatre

250 fr., sarcloir trente fr., emballage dix fr.

Le semoir à sept tuyaux ensemence un hectare en deux heures, et celui à cinq, en trois heures.

De plus, M. Hugues, toujours mû par un désintéressement si noble, offre aux propriétaires qui ne sauraient faire usage de son invention, de leur envoyer à ses frais un *moniteur* qu'il a formé pour indiquer la manière de s'en servir.

L'Inssilladou.

Rien de plus simple que le petit soc à brancard, nommé, dans la langue du pays, *inssilladou*. Il sert à tracer les raies qui doivent diriger le semeur. Jadis cette opération se faisait par le moyen d'un trait de charrue, ce qui avait le grave inconvénient de ramasser le blé jeté par le semeur. Il y avait donc perte de temps et mauvais travail. D'autres personnes faisaient marquer ces raies avec des brins de paille, opération longue, fatigante et peu correcte; avec l'*inssilladou*, le semeur prépare lui-même ses champs dans l'intervalle des jointées.

Rouleau à Pointes en Fer.

Sans doute ce rouleau présente des avantages pour émotter les terres boulbènes, et cependant je le regarde comme un instrument de luxe. Il a d'ailleurs le grand inconvénient de faire perdre aux laboureurs, pour placer et déplacer les roues, un temps précieux.

On peut, heureusement, le remplacer d'une manière bien simple et économique. J'ai, dans chaque métairie, deux ou trois vieilles échelles de charrette, dont on coupe le guide ou timon. Si on n'en a pas, on réunit deux pièces de mauvais bois, à peine équarri, ayant huit à dix pieds de long, séparées l'une de l'autre par des traverses de deux pieds. Les paysans lui ont donné le nom de *rossé*. Le laboureur conduit cette machine dans les champs, après que les mottes ont été un peu humectées par de légères pluies. Il monte sur une des pièces, et dirige sa machine dans le champ qu'il faut émotter. Son effet est tel, que les mottes, quelque en soit la grosseur, sont écrasées ; et le champ devient uni comme une aire ; mais il faut s'empresser de donner une façon immédiatement avec l'araire, pour éviter que, s'il survenait quelque forte pluie, la terre ne vînt à être serrée. Une paire de bœufs peut émotter plusieurs champs. Je me suis si bien trouvé de cette manière économique de bien préparer les boulbènes, que j'ai, au moment des semailles, mes terres parfaitement meubles. Je ne saurais trop recommander cette méthode, dont je fais usage pour toutes les semailles de printemps, les fourrages, et même les terrains destinés à être plantés en vigne. Je m'en suis encore servi avec succès pour réparer les aires servant à battre les blés. De cette manière, la terre est serrée et parfaitement unie.

Rouleau Pesant sans Pointes.

Ce rouleau, en bois de chêne ou d'ormeau, doit avoir huit à neuf pieds de long sur un pied de diamètre. Son usage est indispensable pour la culture des terres fort; aussi est-il devenu général dans le Castrais. Quand des automnes pluvieuses ne permettent pas de semer ces sortes de terres bien détrempées, l'on court le danger de perdre la récolte par la maladie que j'ai désignée sous le nom de *gamat* ou *grauzel*. Le seul moyen de remédier à ce danger, est de faire passer plusieurs fois, au printemps, un rouleau pesant sur les blés. C'est surtout sur les défrichemens d'esparcette, semés en blé, que cette opération est absolument nécessaire; ces sortes de terres étant plus facilement soulevées par les gelées, je suis dans l'usage de faire suivre le rouleau par le troupeau réuni en masse serrée.

Galère.

L'usage de la galère pour transporter les terres des bords des champs dans les creux, est beaucoup trop négligé. Je crois cependant devoir signaler un vice que je trouve dans cette méthode : c'est qu'on porte dans les creux, dont le fonds est ordinairement bon, de la terre qui serait mieux employée à l'amélioration des parties maigres des champs. M. de Lafage, fils d'un agronome qui a laissé de justes regrets, opère tous les transports de terre avec des brouettes. Il prend pour plus grande distance quatre-vingt-dix pieds, et arrive en diminuant jusqu'à zéro. Chaque brouettée, quelque soit la distance, est à un prix fixé ; seulement M. de Lafage se charge de faire labourer les bords des champs dont on enlève la terre.

Il serait bien utile que l'on pût avoir des règles basées sur l'expérience, pour indiquer qu'elles sont les distances où il est plus avantageux de se servir de tombereaux, de brouettes, de *bayards*, de la galère ou de paniers portés sur la tête des femmes. Il serait utile que la Société d'agriculture voulût bien réclamer du zèle de ses correspondans la solution de ces questions.

Ventillateur pour le Blé.

Cette machine si utile est cependant susceptible de perfectionnement. C'est un objet important, dont je m'occupe dans ce moment.

Machine pour Égrener le Maïs.

Cet excellent outil, dont on se sert avec succès pour égrener le maïs, n'avait d'autre inconvénient que sa cherté ; mais, depuis qu'on a trouvé le moyen de faire le plateau d'égrenage en bois dur, il peut convenir à tous les agriculteurs.

Bêche à deux Pointes, Pelles en Fer.

Ces outils sont absolument nécessaires. La bêche à deux pointes procure le moyen de travailler profondément la terre. L'avantage qu'il en résulte avait engagé un grand nombre de propriétaires à donner à moitié fruits des terres pour le maïs. Si les journaliers auxquels on donne ce travail avaient le soin de travailler leurs terres dans l'automne, avec le sec, nul doute que l'on obtiendrait de beaux produits, et que la terre se trouverait en bon état. Malheureusement le besoin de gagner des journées les force à renvoyer au mauvais temps, où ils ne trouvent plus d'ouvrage, le travail de la terre destinée au maïs ; il en résulte qu'en partie ce travail est fait avec la terre trop détrempée ; et, si les pluies ou la neige se prolongent, ils ne peuvent travailler leurs terres que très-tard ; alors le sol n'étant pas ameubli par les gelées, on n'obtient que des produits médiocres. Il y a de plus l'inconvénient que, pour avancer l'ouvrage, ils se font aider par des femmes, et même des enfans, qui font un mauvais travail. Dans le Lauragais, où la culture du maïs est si bien entendue, du moment que les terres destinées au blé sont travaillées, on profite des pluies pour labourer, avec une forte charrue, les terres pour le maïs ; de cette manière, les produits augmentent dans une proportion d'un quart.

Faux à Râteau pour Faucher les Céréales.

L'usage de la faux devient plus général chaque année. La confection en est simple, peu coûteuse, s'adapte même aux faux dont on se sert pour les prairies. Un faucheur fait autant de travail que trois hommes se servant de la faucille. Il y a donc célérité dans le travail, économie de temps, et par conséquent moins de chances d'accidens à courir. L'augmentation de paille est aussi d'une grande importance, et comme la faux coupe ras de terre, elle détruit les mauvaises herbes dont la grenaison n'était pas terminée.

Dans cette liste de machines, ne se trouvent pas le sacrificateur, l'extirpateur, ni les grandes charrues belges, Dombasles et Lacroix, et le semoir Hugues, invention ingénieuse, dont l'expérience doit constater les avantages pour nos terres et notre climat

Si on est propriétaire d'un grand domaine, qu'on ait une fortune qui permette des mécomptes, et de travailler avec une sorte de luxe, il n'y a aucun inconvénient à faire usage de toutes ces machines, quand même elles seraient destinées, pour quelques agronomes légers et insconstans, à meubler les galetas du château; mais, pour moi, dont le but a été, en publiant cet ouvrage, de conseiller une sévère économie, j'ai dû me borner à n'indiquer que les outils aratoires absolument nécessaires, tout en rendant justice à la perfection des machines de luxe.

La bonne agriculture est celle qui ne néglige aucune économie. J'ai bien des regrets de n'avoir pas suivi, et même de ne pas suivre ce grand principe.

CHAPITRE 31.

Comptabilité.

Nul doute que dans l'intérêt de la science on ne dût désirer que les agronomes tinssent leurs livres de compte en partie double, ce serait un moyen de connaître le profit ou la perte de chaque spéculation. Mais une comptabilité de ce genre exige une grande exactitude,. un séjour continuel à la campagne, et beaucoup de temps. Je crois donc que, pour le grand nombre des agronomes, un compte général par recette et dépense, et des livres particuliers pour chaque métairie, suffisent pour savoir, à peu de chose près, quel est revenu net.

Ce sujet me conduit à parler de la manière dont je paye toutes les journées que j'ai fait faire. Avec la difficulté de vendre les récoltes, et le bas prix où elles sont, j'ai adopté depuis long temps l'usage de payer mes journaliers en grains et en argent. Pour en donner un exemple, je supposerai l'hectolitre de blé à seize francs, le maïs à douze francs ; je donnerai pour six journées d'homme, pendant l'été, une mesure blé, six boisseaux maïs, et vingt-trois sous en argent ; pour les femmes, deux boisseaux blé, trois boisseaux maïs, et dix-huit sous en argent. Ces calculs se refont tous les mois, s'il y a hausse ou baisse.

CHAPITRE 32.

Connaissance du Temps.

Un propriétaire dirigeant lui-même sa culture ne saurait trop étudier les divers changemens du temps, variable sans doute selon les localités et le voisinage des montagnes. L'ancienne province du Languedoc était divisée en haut et en bas ; la chaîne de montagne connue sous le nom de montagne noire, se dirigeant depuis Revel jusques dans les Cévennes, formait la séparation de la province. La nature avait marqué cette séparation ; c'est ainsi que dans le Haut-Languedoc nous avons la pluie par les vents de la partie d'Ouest, et alors, de l'autre côté de la montagne noire, dans le Bas-Languedoc, il fait beau temps. Quand le vent passe à l'Est ou l'Est Sud-Est, il pleut beaucoup dans le Bas-Languedoc, tandis que nous avons beau temps, mais un vent violent. Un bon baromètre au mercure est donc un meuble nécessaire pour un agronome. Il faut étudier dans chaque localité, pour bien se fixer, les degrés qui indiquent la pluie, le vent et le beau temps; car ils ne sont pas les mêmes partout.

Ainsi, si le baromètre baisse de cinq à six lignes, plus ou moins, pendant l'hiver, vous devez vous attendre à la neige. L'annonce de la pluie est indiquée par une ou deux lignes, et un peu plus si le vent doit être violent. Il ne faut pas oublier que le vent agit encore plus que la pluie sur le baromètre; c'est pour cela que cet instrument est si utile sur mer.

Les tremblemens de terre opèrent une baisse considérable, ainsi que les tempêtes, surtout celle du Sud-Est.

Si après la pluie il survient une journée superbe, sans nuage et sans vent, vous devez vous attendre à une forte rosée le lendemain, et à l'arrivée du vent d'Autan. Si ce vent augmente, que le temps soit clair, et que le coucher du soleil soit bien rouge, le vent aura de la violence et de la durée; mais s'il charrie de gros nuages, et que le fond de l'air soit chaud et accablant, s'il se forme au couchant une grosse barre noire, parsemée de nuages blancs, et que ce soit aux approches de l'été; si le vent diminue et que la barre monte lentement, une sautée de vent à l'Ouest est le précurseur de la pluie. C'est alors que l'on voit éclater ces orages de grêle qui détruisent nos récoltes, et contre lesquels nos savans se sont armés vainement de leurs paragrêle en paille. (1)

Les anciens avaient une grande confiance dans l'inspection de la lune. Lorsque la lune est pâle, elle annonce la pluie ; le vent quand elle est rouge, et le beau temps quand elle est brillante.

Qnant aux effets que l'on prétend que la lune exerce sur les semis des plantes, sur la taille des vignes, il est à regretter que des expériences exactes n'aient pas été faites, afin de détruire ou confirmer ce préjugé.

CHAPITRE 33.

Taxe du Pain.

Dans ce moment, plusieurs maires de grandes villes veulent essayer de supprimer la taxe du pain, et laisser une entière indépendance aux boulangers ; ils se flattent d'obtenir ainsi le pain à meilleur marché, par cet esprit de concurrence devenu si général.

Je ne pense pas qu'on obtienne les résultats dont on se flatte. C'est une chose bien délicate, dans les circonstances où nous

(1) Voir la note à la fin de l'ouvrage, sur la grêle.

sommes, que de faire des essais sur ce premier besoin du peuple, devenu le premier intérêt de l'administration municipale. Cette taxe du pain remonte à des temps reculés ; et, si nos pères l'on maintenue, c'est que l'expérience en a démontré l'utilité, je dirai même la nécessité.

Si on laisse le commerce de la boulangerie entièrement libre, il faut renoncer à la mesure salutaire d'obliger les boulangers d'avoir toujours en magasin un certain nombre d'hectolitres de blé. De cette manière, dans les temps de disette, l'administration est toujours certaine de pouvoir fournir aux besoins de quinze jours. Du moment que la boulangerie ne sera plus soumise à la surveillance de la police, vous verrez le public se plaindre que le poids n'est pas exact, que l'on a mêlé à la farine de blé des farines d'autres substances qui en augmentent le poids, celle du maïs, par exemple. Mais, dira-t-on, on est libre de changer de boulanger, c'est vrai ; mais s'ils s'entendent, surtout dans les petites villes où cela est facile, quel moyen d'éviter au peuple des abus dont il se plaint même à présent ?

Je sais bien que la difficulté d'établir une base juste et facile pour les diverses variations du pain, a amené l'administration des grandes villes à désirer cette liberté pour les boulangers. Mais, enfin, cette fixation n'est pas si difficile qu'on veut bien le dire ; qu'il me soit permis de citer le mode de taxation de la ville de Castres (Tarn) ; j'oserais croire que l'on a balancé avec la plus grande justice les intérêts des boulangers et ceux des consommateurs. Aussi Castres est une des villes où l'on mange le meilleur pain, et à meilleur marché.

Voici le procédé que l'on suit chaque année pour fixer le prix du pain.

Après la récolte, le maire fait acheter plusieurs hectolitres de blé au marché. Ce blé est pesé à chaque opération qu'il subit, et cela en présence de deux commissaires et de deux boulangers. Voici les résultats de ces expériences :

Un hectolitre de blé net de criblure a pesé . . 75 kilo.
Réduit en farine refroidie, on a eu. 73 1/2

Ces 73 kilog. 1/2 blutés ont donné :
  36 kilog. farine de pain blanc,
 et 22 kilog. farine de pain bis.

Le son et le petit son ont donné. . . . . 15 kil. 1/2

Maintenant les 36 kil. farine pain blanc, ont donné :
  44 kil. 2/3 pain blanc.

Les 22 kil. farine de pain bis, ont donné :
  31 kil. 1/3 pain bis.

La dépense a été :

Sel . . . . .   o   18 1/3
Bois   1   15 o
Huile. . . .   o   15 o
Mouture. .   o   18 o
} 2 fr. 28 c. 1/3

La vente du son et du petit son a produit 1 fr. 81 c.

Il s'agit à présent de fixer le prix du pain blanc et du pain bis ; le bénéfice du boulanger est de trois francs par hectolitre en sus de la valeur du son.

On multiplie le nombre de kilogrammes de pain des deux qualités par des sommes telles , que les produits réunis donnent en total le prix de l'hectolitre de blé, plus les trois fr. accordés aux boulangers. Un exemple fera mieux comprendre l'opération. On supposera l'hectolitre de blé à 20 fr., et cet hectolitre ayant produit 45 kil. pain blanc et 31 kil. pain bis, comme le porte l'expérience faite.

Nous multiplions :
45 kil. par 33 c. 1/4   on a... 14 fr. 96 1/4
31 kil. par 26. 8   6 o
On aura pour le prix de l'hec-
tol. et 3 fr. du boulanger. . . . 23 fr. 02 1/4

La valeur du pain bis comparativement au pain blanc a été établie de manière que, quand le blé est à un haut prix, comme de 28 à 36 fr.

la différence est de dix centimes ; quand le blé est de 20 à 28, la différence est de 7 c. et demie, et de 5 cent. depuis 14 fr. jusqu'à 20.

La taxe ainsi réglée, on ajoute ou on diminue un centime par kilogramme de pain, quand le blé augmente ou diminue de 80 centimes.

TAXE DE CASTRES (TARN).

LORSQUE L'HECTOLITRE VAUT	LE KILOGRAMME DE PAIN BLANC SERA TAXÉ	LE KILOGRAMME DE PAIN BIS SERA TAXÉ
fr. c.	cent.	cent.
14 40	26 1/4	21 1/4
15 20	27 1/4	22 1/4
16 »	28 1/4	23 1/4
16 80	29 1/4	23 3/4
17 60	30 1/4	24 1/4
18 40	31 1/4	24 3/4
19 20	32 1/4	25 1/4
20 »	33 1/4	26 »
20 80	34 1/4	27 »
21 60	35 1/4	28 »
22 40	36 1/4	29 »

Il est bon d'observer que la classe du peuple, qui achète chaque jour le pain nécessaire à sa subsistance, est toujours portée à se plaindre de l'administration, si elle ne baisse pas la taxe à la moindre diminution. On veut envain lui faire entendre que c'est la même chose quand le blé augmente. C'est une observation que j'ai faite à Toulouse, où l'on est dans l'usage d'augmenter ou de diminuer le prix du pain, lorsqu'il y a eu trois augmentations ou trois diminutions à trois marchés consécutifs. Je crois donc que le tarif de Castres, qui change le prix du pain à chaque variation de quatre-vingts centimes, est préférable.

Pour la fixation du prix de la viande de boucherie, le maire fait acheter un animal de chaque espèce ; on ajoute au prix d'achat tous les droits à payer, et de cette somme on défalque la valeur du cuir et des abatis. De cette manière, on connaît la valeur exacte des quatre quartiers, que l'on a le soin de peser. On ajoute à leur valeur l'indemnité accordée aux bouchers, qui est de quinze francs pour un bœuf, dix francs pour une vache, six francs pour un veau, et un franc cinquante centimes pour un mouton ; on divise alors cette somme par le nombre de kilogrammes de viande, et l'on a le prix de vente de la viande de boucherie. Cette base une fois établie, le prix augmente ou diminue, sur le rapport de l'artiste vété-rinaire, chargé de fournir le prix des bestiaux dans les marchés environnans. Les bouchers sont tenus de payer les droits d'octroi.

Avec ces réglemens, la ville de Castres jouit d'un prix modéré pour le pain et la viande de boucherie.

CHAPITRE 34.

Arpentage.

Les agronomes qui adopteraient le système de changer de temps en temps les chemins de service, et d'ouvrir de nouveaux fossés en comblant ceux qu'on remplit de pierres pour faciliter l'écoulement des eaux, trouveront peut-être un inconvénient à ne pas connaître la contenance exacte de leurs champs, surtout pour la semence des fourrages et pour leur système d'assolement. Cette difficulté, que j'ai moi-même éprouvée, n'est pas insurmontable : il faut donc arpenter de nouveau les champs qui ont subi de changement; mais de semblables opérations sont du domaine de nos jeunes agronomes, et le mode à suivre est si simple, qu'il suffira d'un exemple pour le mettre à portée, même des personnes qui n'ont eu aucune indication à cet égard. L'exemple que je vais donner comprendra tous les cas, c'est-à-dire, le triangle rectangle, le parallélogramme, et le trapèze, figures au moyen desquelles on peut mesurer une surface quelconque.

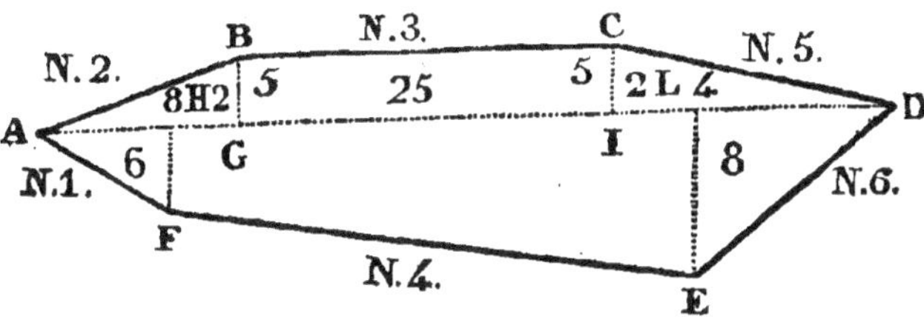

Supposons qu'il faut arpenter un champ semblable à la figure ci-dessus. Je place des piquets portant à l'extrémité un petit morceau de papier blanc, aux points A, B, C, D, E, F; je prends alors pour ligne d'opération la plus longue de A en D; je parts du point A; arrivé en H, je note la quantité de toises ou de cannes que j'ai trouvées avec le compas, bien entendu que mon équerre portera sur ces deux côtés à angle droit les points A et F; voilà un triangle rectangle mesuré. Je parts de H, et, arrivé au point G, je regarde si l'équerre me donne le point B; je mesure la distance de G en B, et j'ai encore un triangle rectangle. Je fais la même opération pour les deux triangles rectangles n.º 5 et n.º 6. Pour le trapèze n.º 4, je mesure la longueur de H en 4, puis les longueurs de H en F, et de 4 en E. Je réunis ces deux dernières longueurs pour avoir la hauteur moyenne du trapèze. Reste le parallélogramme n.º 3. J'ai déjà la longueur de H en 4; j'ai aussi celle de G en B et de 4 en E.

Venons maintenant aux calculs.

Le triangle n.º 1 a de base 8 cannes, et de hauteur 6 cannes. Il faut multiplier la base par la moitié de la hauteur : nous aurons donc 24 cannes de superficie ; les autres triangles se calculent de même. Le trapèze n.º 4 a de base 29 cannes de H en 4 ; il faut multiplier cette base par la moitié des deux hauteurs réunies, ce qui nous donne 7 , et s'en servir comme multiplicateur ; le produit sera 203 cannes. Le parallélogramme a de base 25 cannes et 5 cannes de hauteur ; multiplions l'une par l'autre, nous aurons 125 cannes carrées. La totalité de ces diverses mesures donnera 409 cannes carrées de superficie.

Pour savoir à présent quelle quantité de blé il faudra semer dans ces 409 cannes, je suppose qu'il en faille un hectolitre par 1,400 cannes. Le rapport de 1,400 à 409 nous donnera 3 décalitres 4 litres 2 décilitres.

En divisant un arpent de 1,400 cannes, et en y semant un hectolitre blé, nous aurons pour 1 h. 0 m. hectolitre de blé. . . . 1,400

    4   mesures. 700

    2   mesures. 350

    0   1 boisseau. 44

On peut trouver ce même rapport en supposant toujours qu'il faille 1 hectolitre par 1400 cannes carrées, on aura alors

	hect.	mes.	boiss.
Pour un arpent de 1400 c. . . .	1	»	»
Pour 4 mesures — 700. . . .	»	4	»
2 mesures — 350. . . .	»	2	»
1 mesure — 175. . . .	»	1	»
1 boisseau — 44. . . .	»	»	1
demi boiss. — 22. . . .	»	»	1/2

RECETTES.

Pour des propriétaires qui restent continuellement à la campagne, tout ce qui présente une économie ou qui peut éviter des embarras pour se procurer ce dont on a besoin, peut être utile ; et c'est ce qui m'engage à indiquer une reeette pour avoir de l'encre à bon marché, et facile à faire.

Il faut prendre 2 livres de bois de campêche, coupé très-menu,

1 once de gomme arabique,

2 onces d'alun,

3 litres d'eau,

1 noix de galle, concassée grossièrement ;

on fait bouillir le tout, dans les trois litres d'eau, pendant une heure et demie ou deux heures ; on laisse refroidir, et on passe à travers un linge. Cette encre est d'abord un peu rougeâtre, mais devient noire après.

Graisse préparée pour les Charrettes.

On ne saurait croire les pertes qu'éprouvent les propriétaires en négligeant de surveiller les maîtres-valets, en ce qu'ils graissent souvent les charrettes et les tombereaux. On éprouve non seulement une perte considérable par l'usure des essieux ; mais, de plus, on fatigue considérablement les bœufs.

Ce défaut de soin tient souvent à la difficulté de se procurer une bonne graisse préparée de manière à avoir un peu de consistance. Je dois à M. Rey, artiste vétérinaire de Castres, la recette d'une graisse que tous les propriétaires peuvent faire préparer chez eux. Je m'en suis fort bien trouvé ;

Il faut avoir, poix résine. 1 livre.
Poix noire. 1
Graisse. 0 1/2

On fait bouillir le tout à petit feu, et, quand les matières sont bien fondues, on coule la graisse dans un vase. En hiver, il faut augmenter la graisse de demi-livre.

Moyen de donner de la durée aux Bois employés dans la construction des roues hydrauliques, ou dans la confection des augets des novias.

Il y a quelques années que, réfléchissant sur la propriété que la peinture à l'huile avait de conserver les bois, j'eus l'idée de faire bouillir, dans de l'huile de graine, toutes les courbes et tous les rayons destinés à une roue hydraulique de quatorze pieds de diamètre. En conséquence, je fis faire, en tôle forte, une espèce de grande poissonnière, longue et étroite. Remplie d'huile, et placée sur des trépieds, on la fit bouillir avec des sarmens. C'est dans cette huile bouillante qu'on laissait successivement bouillir, pendant dix minutes, les bois tout préparés de la roue. Les charpentiers observèrent qu'en sortant de cette opération les bois avaient acquis une grande dureté. Cette roue est en activité depuis plusieurs années, et n'a exigé aucune réparation.

Quant aux augets des novias, j'avais éprouvé depuis long-temps de graves inconvéniens à les avoir en zinc ou en cuivre. Si la chaîne venait à se casser, tous les augets tombant dans le puits se brisaient, et on éprouvait une perte considérable ; en bois, ils se pourrissaient promptement. Ces inconvéniens m'ont amené à les construire en bois de sapin, très-légers, cerclés seulement de deux petits cercles en fer mince. Ces augets contiennent onze litres d'eau. Je les fais bouillir dans l'huile pendant une demi-heure, et ils acquièrent alors une dureté qui les conserve pendant long-temps. S'il arrive quelque accident, la perte est peu de chose. L'huile en pénétrant dans le bois en fait sortir la partie aqueuse, qui détruit peu à peu le bois, surtout le bois blanc.

Je suis persuadé qu'on pourrait se servir de ce procédé pour la construction des vaisseaux, des barques et des portes d'écluse. Je croirais même qu'on pourrait éviter ainsi le travail des bois, quand ils sont employés encore un peu verts.

CHAPITRE 35.

Résumé des divers moyens de diriger la culture de son bien, selon les diverses positions dans lesquelles se trouvent le vieux Agronome, le jeune Propriétaire, et le riche Agronome de salon.

LE VIEUX AGRONOME.

Le propriétaire âgé, ne pouvant agir avec une grande activité, et obligé de s'en rapporter au zèle d'un homme d'affaires, doit organiser un système de culture simple et facile, qu'il puisse, pour ainsi dire, diriger de dessus son fauteuil. Ainsi, dans la partie de son domaine composée de *boulbène*, il doit faire de la culture du blé l'objet principal ; amender les terres avec le trèfle, les vesces noires et le lupin ; ne cultiver le maïs que sur de bons fonds, et les pommes de terre dans les terres sablonneuses.

Dans la partie composée de *terres fort*, qu'il adopte l'assolement simple du tiercement blé, maïs, fèves, et qu'il amende ces terres avec le séjour de trois années en esparcette.

Dans la position de ce vieux agronome, craignant la fraîcheur du matin, se précautionnant l'hiver contre les catarrhes, il faut renoncer à toute spéculation, se contenter d'obtenir de son homme d'affaires une surveillance active pour les travaux des maîtres-valets.

Mais de plus, si, dans cette position, son domaine est de qualité médiocre, dans un pays de côteaux, il ne faut pas hésiter, il vaut mieux adopter la culture avec des métayers à moitié fruits, ou bien affermer si on peut trouver un bon fermier ; on est alors certain d'avoir un revenu assuré.

Le jeune Agronome.

Il n'en est pas de même de l'agronome jeune, actif, nourri des théories des ouvrages nombreux sur l'agriculture. Il a visité M. de Fellemberg, et surtout Rosville, où il a puisé de bons principes appropriés à l'agriculture de la France. Dans cet heureux âge, où les illusions ont tant de charmes, il se persuade facilement qu'il va augmenter sa fortune, et se faire un nom parmi nos grands agronomes.

Nul doute que dans cette position il faut établir la culture avec des maîtres-valets ; mais qu'il veuille bien me permettre de lui indiquer à quelle condition il pourra atteindre le but qu'il se propose, et les devoirs qu'il aura à remplir.

Il faut qu'il se persuade que ce n'est qu'avec

une surveillance de chaque moment que l'on peut obtenir quelques succès ; il faut qu'il voie tout par lui-même, qu'il se lève avec le soleil, qu'il ne mette qu'un quart-d'heure à ses repas, et qu'il mange peu ; car le bon agriculteur doit être maigre et avoir de bonnes jambes, être toujours en course, paraissant presque en même-temps dans tous les lieux de travail, armé de sa lunette et du porte-voix Fellemberg, grondant beaucoup et récompensant à propos. S'il habite dans un village peuplé de travailleurs de terre, il faut qu'il se persuade que, placé par la Providence dans une position avantageuse, il doit reconnaître ce bienfait, en améliorant le sort de la classe ouvrière employée à la culture. Il formera, de concert avec son curé, un établissement de miséricorde pour secourir les pauvres dans l'hiver (1) ; il se regardera comme le père des ouvriers, et c'est ainsi qu'il remplira le but de la Providence, qui a fait naître le riche auprès de l'indigent, afin qu'ils s'aidassent mutuellement. Il éprou-

---

(1) Ces petits établissemens de miséricorde sont peu onéreux aux propriétaires, et sont cependant d'une grande ressource pour les malheureux de leurs villages. Il suffit de mettre en réserve un peu de blé, de maïs, de pommes de terre et de vin, qui sont remis à la disposition du curé, et cela à l'époque de la récolte, moment où la charité est plus facile.

vera alors qu'il n'y a pas de jouissance plus douce que celle de répandre l'aisance et le bonheur autour de soi : c'est un honorable héritage à laisser à ses enfans.

C'est à un agronome de ce genre que je vais me permettre d'indiquer les soins et les procédés qu'il doit suivre dans son système de culture : ce sera un résumé des divers objets contenus dans cet ouvrage.

Il faut d'abord se fixer sur l'assolement qui conviendra le mieux à la nature des terres : il pourra alors sans danger se livrer à quelques essais utiles, et, quand il aura acquis par l'expérience la certitude que tel genre de culture réussit, il pourra en faire une branche de revenu. C'est ainsi qu'il cultivera le colza, la betterave et le chardon, plante beaucoup trop négligée.

Si, une année, comme celle de 1834, une grande sécheresse occasionne une rareté de fourrage, il demandera aux racines une ressource pour nourrir son bétail ; il semera sur de bons fonds du maïs-fourrage, des betteraves, dont les feuilles seront cueillies, au fur et à mesure, pour les cochons et les vaches. Immédiatement après la moisson, il fera labourer quelques chaumes, qu'il semera en turneps. Si ces cultures sont favorisées par quelques orages dans le courant de l'été , on aura une ressource importante pour l'hiver.

Devant cultiver les plantes oléagineuses , notre agronome surveillera , avec soin , le moment favorable de la récolte des grains. Il en sera de même pour les fourrages artificiels. Examinant les apparences du temps , et se fiant à son baromètre , il fixera le moment de la fauchaison des fourrages artificiels, il surveillera ses valets , afin qu'ils ne les enferment dans les granges que bien secs , et après qu'ils auront un peu fermenté , seul moyen d'empêcher qu'ils ne s'échauffent ; l'esparcette surtout est sujette à donner une sorte de poussière bien malsaine pour les chevaux. Plus méfiant que ses maîtres - valets , à la moindre apparence de pluie, il fera ramasser les fourrages qui ne sont pas assez secs , et on en formera de petites meules.

L'emploi des fumiers est encore un objet important qui demande une grande surveillance. Chaque samedi , quand on enlève le fumier des étables , il accoutumera ses maîtres-valets à le bien arranger et à le couvrir d'une couche de terre. S'il s'est ménagé à côté une mare pour recevoir la partie liquide , il s'en servira dans les temps de sécheresse pour arroser les tas de fumier, sur lesquels il aura fait déposer quelques quintaux de chaux. Toutes les fois qu'on les transportera sur les champs, opération que l'on doit faire au moins quatre fois dans l'année, des femmes et des enfans doivent les répandre sur les champs, en les divisant avec les mains, et de manière que la jointée du soir puisse recevoir le fumier répandu un peu avant, et le lendemain celui de la veille. On ne saurait croire le tort qu'occasionne le séjour des tas de fumier sur les champs sans être enfouis. S'il fait chaud, ils se dessèchent, et on perd la partie fertilisante; si la pluie survient, le fumier est lavé et fait alors très-peu d'effet. On peut s'apercevoir de cette négligence, quand les blés semés sont en herbe, à une végétation vigoureuse, dans la partie du champ où les tas ont été posés. C'est aussi une bonne méthode quand le fumier est bien consommé, au moment des semailles, de le faire répandre, et de jeter le blé par dessus, on a le soin de recouvrir au fur et à mesure. Je ne saurais trop insister sur ces soins.

Au sujet des engrais, partie si essentielle d'une bonne agriculture, je dois appeler l'attention des agronomes sur les effets intéressans de l'huile comme engrais; j'ai cité l'amendement extraordinaire pour les vignes, produit par la tonte des draps; c'est, sans nul doute,

à l'huile que l'on doit cet effet. Cette année,
j'ai observé sur le maïs une végétation très-forte
par l'effet des cendres , chaux et huiles employées dans ma savonnerie. Il serait curieux de
savoir si une once d'huile , répandue aux pieds
de quelques souches , à quelques pouces de
profondeur, ne produirait pas un grand amendement. J'ai le projet de faire , au printemps ,
quelques expériences à ce sujet.

Un propriétaire soigneux doit connaître la
méthode de l'arpentement , afin d'avoir des
données exactes sur les contenances de ses
champs , et pouvoir se fixer sur la quantité de
graine nécessaire. Cette opération est si facile ,
et en même-temps si importante , que j'ai cru
devoir en faire connaître les moyens d'exécution , quoiqu'ils soient dans mon Manuel (voir
l'article arpentage).

En surveillant les labours , notre jeune agronome doit exercer cette surveillance à des
heures différentes ; accoutumer les valets à
passer la herse à couteaux en travers des labours. De cette manière , on ameublit la terre ,
et on fatigue moins les bœufs.

Le soin à donner aux blés destinés aux semailles , ne doit pas être négligé. Il faut choisir
les champs où la récolte est la plus unie et la
plus nette , les laisser mûrir un jour ou deux de

plus que les autres champs , afin que le germe
ait plus de force ; changer, chaque année , une
partie de sa semence , de manière qu'on puisse
en renouveler l'espèce ; quand on bat les gerbes , mettre de côté tous les liens , et les battre
à part ; on aura ainsi une semence de choix.
On peut aussi , chaque année , faire trier par
des femmes les épis les plus longs choisis dans
les gerbes. J'ai observé que les épis de douze
rangs , ou de dix , ou de huit, diminuaient, tous
les ans , de produit, à peu près d'un ou de deux
rangs par épi. Vingt-quatre heures avant de
semer , il faut vitrioler la quantité de blé dont
on a besoin pour une journée , en ayant soin
de tremper le grain dans une eau de chaux,
avec une addition de sel. Avec ce procédé ,
le blé se gonflant oblige le semeur à une économie d'un sixième.

Il faut semer un peu épais les boulbènes médiocres , un peu clair les bonnes boubènes et
les terres fort. Tous les défrichemens doivent
être semés clair.

Peu de temps avant de couper les blés , il
faut marquer , avec des morceaux de brique ,
toutes les parties des champs où la récolte est
médiocre , afin que dans l'hiver on puisse y
faire des transports de terre , soit des environs

de la métairie, soit des bords des champs qui sont très-élevés.

Chaque dix ans, je suis dans l'usage de changer mes chemins de service; c'est un fossé à changer, et on cultive le vieux chemin en maïs, et successivement en blé, pendant six années.

Si, par l'effet des fortes gelées, les blés semés sur les boulbènes paraissent clairs à la fin de Février, il faut les faire sarcler par des femmes avec une sarclette légère (1). De cette manière, on enlève la croûte, et, en détruisant les mauvaises herbes, on facilite au blé le moyen de pousser de nombreux rejetons. C'est surtout quand on veut semer de la graine de trèfle sur les blés, que l'opération du sarclage est d'une grande importance.

On peut aussi faire usage d'une herse légèrement bombée (voir outils) à cloux en fer rapprochés. Cette manière est plus économique, mais moins parfaite.

Les semailles des *terres fort* sont plus faciles, et n'exigent pas la même surveillance. Il faut seulement que le propriétaire attende patiemment que la terre soit fortement hu-

____

(1) M. Dombasle, auquel j'avais demandé des renseignemens sur l'usage établi dans le Nord de sarcler les blés, a eu l'extrême obligeance de m'envoyer l'outil dont on se sert. C'est précisément le même que la sarclette dont nous nous servons pour les jardins.

mectée par la pluie ; mais, si la sécheresse d'automne continuait, et qu'il fallût commencer les semailles, alors il faudrait couvrir le grain avec la charrue à versoir, et passer immédiatement le rouleau pesant. Au printemps, il faut refaire cette opération plusieurs fois.

Les semailles faites, il faut s'occuper de semer les avoines et les vesces noires. On sème ensuite les fèves, et, si on peut préparer les chaumes pour les maïs, le profond labour que l'on donne avant l'hiver produit ordinairement une augmentation d'un quart pour la récolte du maïs.

Tous ces travaux terminés, il faut organiser de grands transports de terre ; c'est la meilleure des améliorations. Quoique peu facile dans l'hiver, on peut profiter des gelées et de quelques séries de beau temps.

Le recreusement des fossés autour des champs destinés au blé, doit appeler l'attention de notre agronome. Je donne ce travail à prix fait, à raison de deux liards la toise courante, la terre bien étendue et émottée.

En principe, je pense que le travail à prix fait est le plus avantageux. Sans cela, il faut se condamner à ne pas quitter les journaliers.

Comme principes généraux, je croirais qu'un propriétaire trouverait de l'avantage à

défricher les vieux prés qui ne s'arrosent pas,
et à les remplacer par des fourrages artificiels,
ou de nouvelles prairies. Quant aux prés qu'on
peut arroser facilement s'ils sont vieux, si l'on
s'aperçoit qu'il y a de la mousse, du genêt
sauvage et d'autres mauvaises herbes, il faut
les défricher par portions, en retirer de grandes récoltes de seigle et d'avoine, et, après six
ou dix années, selon les qualités de terre,
bien niveler le terrain, le bien fumer, et
semer au printemps de la luzerne, avec un
mélange de trèfle. La troisième année, faites
un choix de bonnes graines de foin, et semez-
les au printemps. De cette manière, on formera d'excellentes prairies, productives dès
les premières années. Il en est des prés comme
de presque toutes les productions de la nature,
qui se dénaturent par le temps de leur durée ;
aussi les Anglais ont cru observer qu'après
vingt-huit ans, le produit en foin d'une prairie
arrosable diminuait insensiblement. On conçoit, en effet, que les mauvaises herbes dont
les graines sont déposées par les vents, et le
chiendent, doivent détruire peu à peu cette
herbe fine dont se composent les excellens
fourrages.

Je regarderai donc comme un système parfait de culture, pour les propriétaires qui pos-

sèdent de vastes et vieilles prairies, de les défricher successivement, et de les remettre, au bout d'un certain nombre d'années, en fourrages artificiels et prairies.

Je viens de donner l'aperçu des soins que doit prendre le jeune agronome plein de zèle, et parvenant, à force de travail, de science et de persévérance, à retirer un assez bon revenu de son bien. C'est là l'histoire de la plus part de mes honorables collègues de la Société d'Agriculture.

L'Agronome de salon, ayant une fortune considérable.

Examinons à présent le propriétaire riche, faisant de l'agriculture par mode, lisant tous les ouvrages qui paraissent, exécutant à grands frais les nouveaux procédés proclamés par les journaux, enfin, ressemblant à ces *gentlements* anglais dont parle *Arthur - Young*, qui dépensent sur leurs biens beaucoup plus qu'ils n'en retirent. Dans notre Midi, nous ne sommes pas encore parvenus tout à fait à cette perfection anglaise si utile à l'État ; mais nous en approchons, et peut - être pourrait - on me compter, ainsi que quelques autres, au nombre de cès honorables agronomes pour lesquels la gloire forme une partie du revenu net.

Mais par combien de bonnes raisons l'agriculteur riche ne peut-il pas justifier le peu de profit qu'il retire de son bien ; il a un village à nourrir, cette dépense est absolument nécessaire pour préserver ses récoltes des innondations ; ce sera d'ailleurs un moyen de donner du travail aux pauvres pendant l'hiver. Ce mauvais terrain, planté en vigne, doublera de valeur, surtout quand on aura supprimé (et nous pouvons y compter, nous sommes en veine d'économie) les droits si onéreux sur les vins. Cette chaîne de côteaux que les pluies ont décharnée, peut être rendue productive par un semis de bois. En agissant ainsi, notre agronome donnerait un bon exemple, et, s'il était suivi, la France n'aurait plus à redouter l'arrêt prononcé par Sully, qu'elle périrait faute de bois. Il est vrai qu'il faut s'attendre que les troupeaux des voisins nuiront aux jeunes taillis, et puis la classe pauvre, trouvant le moyen de se chauffer à rien ne coûte, dévastera peut-être ces jeunes taillis ; mais ne faut-il pas que tout le monde vive (1).

---

(1) Un de mes honorables amis, M. de Saint-Martin, de Saint-Pons, ayant surpris dans ses bois une vieille femme qui émondait de jeunes arbres pour faire un fagot, après l'avoir beaucoup grondée, lui aida à le charger. J'aime cette manière de punir le véritable pauvre.

Mais ce n'est pas tout de s'occuper d'objets utiles, il faut encore embellir les dehors de son habitation ; ce luxe gagne jusqu'aux plus petits propriétaires, chacun veut avoir son parc, ne fût-il que de quelques mesures de terre. Notre agronome va donc créer un parc qui pourra servir de modèle. Il fait venir, à grands frais, un dessinateur de parcs anglais. Cet habile artiste commence par proscrire les allées droites de *le Notre* ; il étudie la situation de ces montagnes boisées, occupant sept lieues d'étendue, et descendant en pentes douces vers la plaine.

Il tracera des routes sinueuses, qui permettront aux voitures de parcourir facilement ces belles forêts. Sur le point le plus élevé des montagnes jaillira une source abondante ; c'est là qu'il établira un Hercule colossal, dont la massue pourra contenir dans son creux huit personnes. Les eaux jaillissantes, sortant des pieds de l'Hercule, formeront de nombreuses cascades que l'art variera de toute manière. Parvenues à mi-côteau, elles disparaîtront tout-à-coup au milieu de massifs d'arbres qui comptent plusieurs siècles d'existence, mais elles reparaîtront en s'élançant d'un vaste bassin en marbre, et formant un jet d'eau de 170 pieds de hauteur, et de la grosseur d'un homme. Tout au tour de ce bassin se trouveront de vastes tapis de gazon, dont le velouté sera entretenu par des rouleaux en marbre, et rafraîchi continuellement par l'eau du bassin.

C'est tout près que se trouvera la résidence de notre agronome ; un joli canal, planté d'arbustes précieux, contournera une partie de l'habitation, et ira à une petite distance former une cascade se précipitant d'une ruine romaine. De là, les eaux parcourront un vallon tout couvert d'arbres, où l'on trouvera plusieurs fabriques et une laiterie toute pavée en marbre, où le beurre et le fromage se feront par le moyen d'une ingénieuse mécanique. Toutes les eaux réunies au bas du vallon formeront un beau canal planté de peupliers, et dont la profondeur permettra de s'embarquer dans de jolis *yachs*, et de naviguer sur un grand lac, entouré de belles plantations.

Ce croquis ne peut donner qu'une idée très-imparfaite de la délicieuse campagne de l'électeur de Hesse, à deux lieues de Cassel, et c'est là le modèle que notre habile artiste va exécuter.

Mais pourquoi aller chercher si loin des modèles ; pourquoi allons-nous parcourir les

Pyrénées pour découvrir ces sites pittoresques
et ces cours d'eau qui ont pour nous tant
de prix sur notre brûlant climat, quand nous
avons près de nous un parc que la nature
a formé, et comparable à tout ce qu'on peut
voir de plus pittoresque en Europe?

A l'extrémité de la montagne Noire, du
côté de Castelnaudary, au milieu des forêts,
se trouve une des plus belles créations de
Riquet, la rigole qui réunit toutes les eaux
de ces montagnes, dont une partie se diri-
geait vers l'Est, et que Riquet a forcée de
se diriger vers l'Ouest. C'est cette rigole qui
alimente les bassins de Lampy et de Saint-
Féréol, et qui fournit toute l'eau nécessaire
pour la navigation du grand Canal. A partir
de ce vaste bassin de Saint-Féréol, on a
tracé, le long de la rigole, une route bordée
d'un beau gazon, sablée et unie comme une
allée de jardin, suivant les sinuosités du cours
d'eau dans ces gracieux contours. On parcourt
la distance de Saint-Féréol à Lampy sur une
route de vieux chênes et de cérisiers sauva-
ges. Arrivé à Lampy, il faut examiner ce
beau bassin, ses contructions, et surtout le
paysage dont il est environné. Sur le plateau
où il est situé, on ne découvre que le ciel
et le bassin bordé de grands bois de diverses

nuances. De Lampy à la prise d'eau d'Alzone il y a trois lieues, et toujours ce paysage si varié, et cette route si bien soignée, et ces ombrages, et ces eaux vives dont le cours a été si bien dirigé. C'est donc sept lieues à parcourir dans un jardin anglais, où la nature a presque tout fait ; mais il est juste de dire que l'art a su tirer parti de ces belles positions, en régularisant le cours des eaux, et en traçant avec tant de goût ces nombreux contours qui rendent cette route délicieuse.

C'est à M. *Magnès*, ingénieur en chef du canal, que l'on doit une création à laquelle il serait peut-être difficile de trouver rien de comparable en France.

Maintenant il n'est plus convenable qu'on arrive à la porte d'un château sans tourner autour d'une grande corbeille de fleurs, ou d'un tapis de gazon anglais ; des arbustes rares, des fleurs venues d'au-delà les mers, doivent orner les parties de la cour et du parc les plus rapprochées de l'habitation ; et, chaque soir, la châtelaine, qui a un peu négligé les soins de son ménage pour étudier l'horticulture, doit elle-même arroser ces fleurs précieuses, dont elle doit savoir le nom et la patrie.

Mais ce parc, ces fleurs, ces plantations,

ne peuvent réussir sans eau ; et comment s'en procurer sur nos côteaux , ou avec l'encaissement de nos rivières? L'agronome riche saura remédier à ces inconvéniens ; il fera creuser un puits artésien à cinq ou six cents pieds de profondeur ; vingt mille francs de dépense suffiront , et il a l'espoir de voir surgir une source abondante.

Mais s'il ne réussissait pas? Eh bien ce mécompte serait utile à ses voisins, qui ne feraient pas de semblables essais. Il aura alors recours à la science hydraulique : placé près d'une rivière encaissée , il formera un barrage de quatre à cinq pieds de hauteur , et bientôt l'habile M. Abadie lui fournira des pompes d'une nouvelle invention, qui monteront cent pouces d'eau , c'est-à-dire, de quoi arroser cent demi-hectares, à trente et trente et un pieds de hauteur (1).

Certain du succès, il médite un grand système d'irrigation ; il convertira les champs en

---

(1) M. Abadie s'est rendu célèbre par la belle machine hydraulique qui fournit aux fontaines de Toulouse 260 pouces d'eau. L'agriculture et l'industrie manufacturière lui doivent de belles découvertes et un grand nombre de machines. Il joint à ce beau talent le plus noble désintéressement ; être utile à son pays est tout pour lui. — Grâce à l'obligeance de M. Abadie, ce beau système d'irrigation que je viens de citer, sera en activité chez moi cet hiver.

prairies, et, après un certain nombre d'années, il les défrichera, en formant de nouvelles prairies sur les champs qui rapportent des céréales. Tous les voisins qui se trouvent près des cours d'eaux s'empresseront de l'imiter, et il éprouvera la douce consolation d'avoir été utile à son pays.

On blâmera, sans doute, cette agriculture de luxe où l'on dépense plus qu'on ne recueille ; notre agronome aura la consolation de se dire que cette manière de manger sa fortune en vaut bien une autre.

CHAPITRE 36.

Conclusion.

En résumant ce que je viens d'exposer, j'oserais croire qu'un système de culture basé sur une grande économie, par conséquent un assolement simple, peu coûteux et approprié à la qualité de nos terres, des améliotions en transports de terre et par les engrais végétaux, enfin une surveillance de tous les instans, sont des moyens à peu près certains de retirer de sa culture des profits modérés ; des miracles dans ce genre sont rares.

Je serais bien fâché que le zèle des jeunes

agronomes fût affaibli par la confession que
j'ai cru devoir faire des fautes et mécomptes
dont ma longue carrière agricole a été semée.
Je suis bien loin de vouloir prescrire les nouvelles pratiques et les découvertes qui viennent chaque jour au secours de nos industries
de tout genre ; mais, ainsi que je l'ai déjà dit,
j'ai cru devoir donner le conseil de ne les
adopter qu'avec sagesse, et lorsque d'heureux
essais en auront démontré les avantages. Ce
conseil aura plus de poids, appuyé de l'opinion
de M. Dombasle.

« Il serait injuste, nous dit cet agronome
» si distingué, de conclure, des revers que
» j'ai éprouvés, que l'on doit s'abstenir de
» toute innovation dans l'agriculture. Mais, s'il
» arrivait que ce que j'ai dit pût détourner
» quelques personnes du désir de les adopter,
» je pense que cet effet serait utile ; car
» ce qui importe avant tout, c'est que les
» hommes qui veulent se livrer à l'agricul-
» ture y apportent du moins de grandes chan-
» ces de succès, puisque c'est des succès indi-
» viduels que naissent les progrès de l'art. »

Pour définir en peu de mots les résultats
de ma carrière agricole, je dirai, comme un
bon agronome de Berne, « j'ai appris très-
» peu de ce qu'il fallait faire, et presque

» toujours la preuve de ce qu'il ne fallait
» pas faire ».

J'ai sans doute fait bien des fautes, éprouvé
bien des mécomptes, et cependant il en est
résulté une sorte de dédommagement, c'est
d'avoir rendu quelques légers services à l'agriculture de mon pays. La charrue pour écobuer,
le défoncement économique , la culture du
méteil et du lupin , de nombreuses expériences , quelques essais utiles , enfin l'aisance
répandue dans une population agricole, sont
un grand dédommagement de beaucoup de
peines , de soins et de sacrifices d'argent , pour
celui qui attache un grand intérêt à la prospérité de son pays. D'autres agronomes feront
facilement mieux que moi ; ils en retireront
plus de profit , et c'est ce que je leur souhaite.

Après avoir traité divers objets d'un intérêt
direct à l'agriculture , je vais présenter plusieurs aperçus sur des objets qui se rattachent
à la prospérité de l'agriculture du Midi ; je ne
me permettrai que peu de développemens
sur des sujets d'une si grande importance , je
ne fais que les proposer à la méditation des
personnes plus habiles que moi. Puissent-elles ,
par leur talent, préserver mon pays des graves
inconvéniens que je vais signaler.

Je prie les personnes qui voudront bien lire

l'article de la division des propriétés , de vouloir bien observer que , dans les départemens du Nord , les morcellemens sont bien moins considérables que dans le Midi , et cela explique pourquoi dans les maux à réparer , et dans les bienfaits à recevoir , nous sommes toujours en dernière ligne.

CHAPITRE 37.

Aperçu de divers objets pouvant contribuer à la prospérité de l'Agriculture du Midi.

SUR LES ROUTES.

Depuis quelques années , le besoin , ou plutôt la mode prise des Anglais , a multiplié les moyens de parcourir les plus longues distances avec une grande rapidité ; les lourdes diligences , les barques sur les canaux , vont en poste , transportent dans quatre à cinq jours des marchandises qui eussent auparavant exigé quinze ou vingt jours de route ; c'est , sans nul doute , un grand avantage , quoique ces moyens d'activité occassionnent une grande consommation de chevaux , et des accidens trop multipliés. Depuis la découverte de la vapeur , on ne rêve que miracles. Sur des chemins de fer , on fait huit à dix lieues par heure. On risque, il est vrai, d'être écrasé ou de devenir poitrinaire. Mais ce n'est pas tout ; avec des voitures armées d'une petite chaudière à vapeur, on peut voyager rapidement sans chevaux ; on est même parvenu à faire labourer vingt chevaux à la fois, à côté l'un de l'autre, avec une seule machine à vapeur portative. Si cette grande découverte s'établit en France, il faudra que le gouvernement s'occupe de former de grandes colonies, les bras des paysans devenant moins nécessaires. C'est une chose importante à prévoir ; car, dans cinquante ans, la France aura de quarante - cinq à cinquante millions d'habitans.

Mais, pendant que nos diligences font trois lieues par heure, il faut trois heures aux laboureurs du Lauragais et de la Gascogne pour faire une lieue, et cela dans des chemins impraticables pendant six mois.

Sans doute les grandes lignes font la ressource du commerce et le bonheur de ceux qui voyagent ; mais ce sont les routes vicinales qui rendent les grandes routes utiles ; c'est par leur moyen que les denrées transportables dans tous les temps, comme en Angleterre, acquièrent leur vraie valeur, et mettent à portée d'acquitter l'impôt. C'est par elles que le commerce pénétrant dans toutes les parties d'un département le vivifie , et établit , entre les habitans , le seul niveau dont la Providence a permis qu'ils fussent susceptibles. C'est en établissant un grand nombre d'ateliers que le pauvre sera plus puissamment soutenu. En divisant les réparations sur plusieurs localités , le bienfait est sensible dans un plus grand nombre de lieux ; l'égalité se soutient dans le prix du salaire ; et , si l'ouvrage se fait moins promptement , les frais sont moins considérables.

Mais , pour arriver à ce grand résultat de faciliter les communications dans les campagnes , il faut un système général de grandes administrations départementales , sorte d'association entre plusieurs départemens , qui puisse leur donner le moyen d'exécuter de grands travaux. Une chambre départementale renouvellerait les miracles que la province de Languedoc devait à ses anciens états.

Voici ce que disait à la tribune , sur ces institutions si vivement réclamées par l'opinion , le rapporteur du budget : « C'est ce » grand système d'administration départemen- » tale que nous devons créer , ce système qui » doit tendre à éterniser la monarchie en » éternisant pour elle les lois et la puissance ,

» qui doit diminuer les charges par de larges
» économies , et augmenter la richesse par le
» complément de toutes les créations utiles ;
» c'est ce système qui demande au présent et
» à l'avenir de si grandes choses , et qui est
» établi sur ce principe qu'entre la puissance
» suprême et la masse individuelle , n'ayant
» pas de priviléges , il faut partout des puis-
» sances intermédiaires pour servir à la fois
» de rempart et d'appui à la monarchie. Ainsi ,
» pour diminuer les graves inconvéniens de la
» centralisation , il faudrait la diviser en lar-
» ges centralisations départementales , pour
» soulager le gouvernement, diminuer la dé-
» pense , et opérer de grandes choses. »

Si on veut bien examiner les institutions créées par Bonaparte, on sera frappé des rapports qui existaient entre ces institutions (bien changées depuis) et les formes de l'administration du Languedoc. On retrouve la propriété comme base et principe dans les états , les diocèses et les communes, comme dans les conseils généraux , les conseils d'arrondissement et les municipalités (1).

Il ne s'agit donc que d'ouvrir une voie plus

---

(1) Voir, à la fin, l'article : aperçu de l'administration du Languedoc.

large pour donner à ces institutions locales les moyens de produire tout le bien dont elles sont susceptibles, et cela sans crainte de s'égarer dans des systèmes dangereux, puisqu'on serait guidé par une longue expérience, qu'il est juste d'attribuer à la bonté des institutions, et *non à la fortune, qui n'a pas cette sorte de constance.*

Je citerai un fait pour prouver que, si nous avons fait de grandes découvertes dans les arts, nous n'avons pas été aussi heureux pour la science des économies (1). Sous ce rapport, les états de Languedoc étaient plus habiles que nos financiers.

En effet, la perception des impôts dans la province revenait à cinq deniers par livre.

La perception actuelle de la contribution directe revient à treize deniers par franc.

Celle de toutes les perceptions réunies, à vingt-cinq deniers par franc.

Le trésorier de la province, composée des sept départemens actuels, avait 25,000 francs et un leger droit de revenu ; et maintenant les sept receveurs généraux de ces départemens

---

(1) En 1789, le budget de la France se montait à 550 millions. Après quarante ans et trois et quatre révolutions, nous sommes parvenus à un budget de 1,500 millions, ce qui prouve qu'on ne soulage pas le peuple avec des révolutions.

ont un revenu, entre eux, de 780,000 francs, en prenant le terme moyen de la dépense générale de tous les receveurs généraux.

Impôt du Vin.

Depuis long-temps, le Midi réclame une diminution sur l'impôt du vin, et un changement de système. Jusqu'à présent, des réclamations ont été sans succès, et la raison est facile à donner. Le nombre des députés nommés à la chambre étant en raison de la population, il en résulte que les départemens du Nord, qui ne récoltent pas de vin, ayant une population plus considérable que ceux du Midi, sont toujours en majorité quand il s'agit de prononcer contre la diminution des droits sur les vins et sur les huiles. Et cependant cet impôt est d'autant plus onéreux, qu'il exige une armée d'employés, et des frais de perception qui absorbent le tiers du produit.

Si nous avions dans le Midi des chambres départementales, composées des députés de quatre ou cinq départemens, elles pourraient se charger de payer au gouvernement la quotité de l'impôt de vin qu'il perçoit, quitte de frais, et cela par abonnement.

Ainsi, en supposant que le trésor reçoive quatorze millions des droits sur le vin de ces départemens, la chambre départementale de la Haute - Garonne, par exemple, pourrait s'engager à fournir, chaque année, quinze millions. Elle gagnerait plusieurs millions en faisant cet abonnement ; le moyen de recouvrement de ces droits serait facile et peu vexatoire.

Quoique je sois dans l'opinion que les vins devraient supporter les droits en raison de leur qualité, comm d ans les départemens réunis avec celui de la Haute - Garonne le bénéfice sur les vins est à peu près le même, je ne supposerai qu'une seule catégorie. Au moment des vendanges, chaque propriétaire serait tenu de déclarer le vin récolté à un employé envoyé à cet effet. Il lui serait remis autant de bons numérotés, portant son nom, qu'il a récolté de barriques, et chaque fois qu'il vendrait une ou plusieurs barriques il se fairait payer les droits établis, en donnant à l'acheteur autant de numéros qui serviraient de décharge. Chaque six mois, l'employé viendrait réclamer le montant des barriques vendues, il aurait le droit d'inventaire dans les caves en cas de suspicion, droit dont il n'userait pas, vu la modicité des droits, et la forte amende qui serait établie.

La perception de ces droits serait donnée à

l'enchère, et ne reviendrait pas à un dixième. C'est de cette manière que le clergé percevait anciennement ses dîmes ; c'était presque toujours quelque habitant du village, qui se contentait d'un léger bénéfice. Il est, en effet, aisé de concevoir qu'un habitant d'un village peut facilement connaître la quantité de vin récolté par chaque propriétaire. De cette manière, il n'y aurait plus de vexations, plus de déclarations à faire pour la circulation, et les droits à payer diminueraient de moitié, et peut-être davantage. La raison est bien simple ; avec le mode actuel, il n'y a pas le quart des vins récoltés payant l'impôt ; ce sont les habitans des villes qui payent la totalité. Avec le mode que j'indique, il est à présumer que le propriétaire, moyennant un droit de deux francs ou deux francs cinquante centimes par hectolitre de vin, serait débarassé de toutes les formalités vexatoires qu'exige cette perception onéreuse. Je ne fais qu'énoncer les bases de ce projet (1).

____

(1) Dans le plan que j'avais proposé, les vignobles étaient divisés en quatre catégories, et l'impôt établi en raison de la qualité : il est en effet extraordinaire que les vins de Bourgogne, de Champagne et de Bordeaux, qui se vendent de trois à six francs la bouteille, ne payent pas plus que celui de Toulouse, qui se vend trois sous.

Observations sur les Droits établis sur les Laines importées en France ; moyens d'amélioration.

La commission du commerce, des manufactures et d'agriculture, s'est occupée de l'examen de cette importante question.

Le rapport de la commission centrale a établi que la loi était vicieuse dans son principe et son exécution , et qu'elle exerçait une funeste influence sur le commerce , les manufactures , et même l'agriculture ; elle observe que depuis le traité de Bâle , qui permit l'introduction des mérinos jusqu'en 1820, l'entrée des laines ne supporta aucun droit : c'est sur cette législation que l'agriculture améliora la qualité de ses laines , et que les fabriques commencèrent cette carrière de perfectionnement qui , depuis , a acquis une grande importance.

On ne peut pas dire en faveur de la loi qui frappe l'entrée des laines de 33/00 , qu'elle a comprimé l'importation des laines étrangères ; car pendant qu'il n'y avait pas de droits , c'est-à-dire de 1815 à 1822 , la moyenne d'importation a été de 5,130,000 kilogrammes , et de 1823 à 1831 , sur le régime des droits , de 5,200,000. kilog. Voyons maintenant si l'effet de la loi a été de maintenir à un prix élevé les laines indigènes, en voici les résultats :

De 1817 à 1822, époque de trois années de liberté, et trois années d'une légère taxe, le prix moyen de la laine en suint a été d'un franc cinquante - huit centimes le demi-kilog. Pendant les sept années qui ont été régies avec le nouveau droit de 1826 à 1832, le prix n'a été que d'un franc douze centimes ; chose remarquable, c'est que chaque augmentation de droit a été suivie d'une baisse immédiate.

Cette loi de 1826 a eu encore une influence funeste sur plusieurs genres d'industries ; c'est ainsi que, les laines du Levant, de Buenos-Ayres, de l'Egypte et des Etats Barbaresques, devant supporter des droits de cinquante, et même de 60/00, on a vu s'écrouler successivement ces nombreuses fabriques de bonneterie et d'étoffes grossières, qui s'exportaient dans le Levant et en Italie. Marseille seule a vu détruire treize manufactures de bonneterie, qui employaient quinze mille ouvriers. C'est ainsi que se sont éteintes, faute d'alimens, nos nombreuses manufactures de tapis ordinaires, dont l'usage était devenu général chez nos voisins.

Mais, de plus, il a fallu renoncer à fabriquer certaines espèces d'étoffes, dans lesquelles une laine propre au peigne, longue, lustrée et brillante, est absolument nécessaire, que l'Angleterre seule possède, et qu'on a essayé vainement de naturaliser en France. Cette laine s'emploie, avec succès, pure ou mélangée avec la soie.

La France ne possède donc pas toutes les laines nécessaires à ses fabriques. Les laines de Saxe sont indispensables; la laine d'Espagne est nerveuse, mais dure; celle d'Allemagne plus soyeuse, mais plus molle; la laine de France possède, à peu de chose près, les avantages des unes et des autres; mais toutes ces laines doivent se prêter un mutuel appui, et c'est de leur combinaison que le fabricant tire les plus heureux effets.

Il résulte de cet exposé que nos droits d'importation ayant maintenu les laines à bas prix dans l'étranger, les Anglais, les Belges, et même les Espagnols, ont pu fabriquer à meilleur marché que nous; et c'est ainsi que nous avons été évincés des pays que nous étions en possession d'alimenter de tout temps.

Mais, de plus, nous avons vu s'organiser contre nous un système de représailles, qui s'est manifesté, ici, par une prohibition absolue, là, par des droits énormes. C'est ainsi que le royaume de Naples nous a fait supporter un droit de dix francs par aune ; dans les états romains, de 26/00, et en Espagne, selon les provinces, de 46 à 64/00.

Un autre résultat de ce faux système a été d'obliger les étrangers à élever de nombreuses manufactures ; l'Espagne, elle-même, est devenue manufacturière. Ainsi s'est élevée au tour de nous une barrière redoutable : nos ventes ont été faibles, et il y a eu encombrement. Nous avons même perdu, pour la vente des laines importées, les acheteurs étrangers. Marseille en offre un triste exemple. Cette ville recevait de tous les ports du Levant à peu près trente mille balles de laine. Le Piémont, la Suisse, la Belgique, l'Amérique, venaient s'approvisionner des basses qualités. Ce qui n'était pas vendu était employé aux bonneteries. Ce commerce employait annnuellement cent navires, jaugeant vingt à vingt-cinq mille tonneaux montés par mille matelots. Un grand nombre de fabriques prospéraient : tout a été frappé de mort ; car, pour l'industrie, l'inaction est la mort.

Je supposerai à présent que, par l'effet des droits établis, les propriétaires pourraient vendre leurs laines cinquante centimes de plus. Mais quel est le propriétaire, ami de son pays, qui ne renoncerait pas à ce léger bénéfice en

voyant les tristes résultats que j'ai signalés ?
Bien plus, ce sacrifice n'est pas même nécessaire, puisqu'on a vu plus haut que ces droits
de 33/oo n'ont produit aucun avantage aux
propriétaires. Il faut donc se convaincre que
l'agriculture ne retirera un bon prix de ses
laines que quand les fabriques seront en
grande activité : ces deux industries doivent se
soutenir mutuellement. Cette année 1834 et
celle de 1833 en sont la preuve. Après la révolution de 1830, la consommation de draps
diminua de moitié, la laine était à bas prix,
et cependant le droit de 33/oo existait. En 1833,
les besoins se firent sentir, toutes les fabriques
prirent un grand essort, et la laine monta à
un haut prix, qui s'est soutenu en 1834. On
doit s'attendre maintenant que les fabrications
ayant été au - dessus des besoins, il y aura
nécessairement un peu de calme dans les fabriques, et par conséquent diminution dans le
prix de la laine.

Il faut observer que nos laines pures et
métisées ne craignent aucune rivalité ; il est
donc présumable que nous aurions échangé
ou vendu aux Anglais une partie de nos
laines mérinos, puisqu'en 1828 ils ont tiré de
l'Allemagne seule vingt-trois millions de laine.

Cette prohibition des laines étrangères a été

provoquée par les grands propriétaires de troupeaux mérinos dans le Nord de la France. En portant la dépense, comme le fait M. de Polignac, à dix francs par mouton , et dix-sept francs par brebis, ils devaient nécessairement réclamer le moyen d'obtenir un prix élevé de leurs laines. Quant à nous , propriétaires dans le Midi , nous sommes bien loin de faire pour nos troupeaux des frais si considérables , même dans les établissemens où l'on trouve un certain luxe d'agriculture (1).

D'ailleurs notre position est tout à fait différente ; nous devons maintenir avec l'Espagne des échanges de tout genre. Mieux placée que nous , avec de grandes étendues de terres incultes, elle peut élever de nombreux troupeaux mérinos , et nous fournir une grande partie des laines nécessaires à nos fabriques. En échange, nous vendons les moutons nécessaires à ses boucheries, les mules, les cochons, et une infinité d'objets de luxe. Les bénéfices

_____

(1) Dans nos établissemens de mérinos , nous calculons qu'il faut un quintal de luzerne sèche , ou l'équivalent en racines, par tête de mouton ou brebis. Dans les domaines où l'on élève des troupeaux de la race du pays, leur entretien est meilleur marché, puisque pas de foin , de la paille à discrétion , de la feuillée et des dépaissances. Au reste, les propriétaires ont le tort de ne pas attacher une valeur réelle aux fourrages qu'ils récoltent ; c'est cependant un produit comme celui du blé.

que faisait le Midi par ses exportations sont bien réduits, depuis que l'Espagne, par représailles, a mis des droits considérablessur nos exportations.

Que nous faut-il dans le Midi pour assurer la prospérité de l'agriculture, celle de nos troupeaux, et les besoins de nos fabriques? améliorer la qualité de nos laines, et en même temps en augmenter la quantité. En résumé, ce n'est pas une augmentation plus ou moins grande dans le prix des laines qui donnera de l'activité à nos fabriques; cette activité dépend des besoins de la population. Il faut une livre 1/3 de laine pour un habit. Le fabricant vendra ce drap à raison de trente à trente-six francs l'aune, et le tailleur à raison de quarante-cinq francs. Si nous avions la laine nécessaire à nos fabriques, je concevrais l'effet d'un droit élevé; mais il y a obligation d'avoir recours à l'étranger, quelque soit le droit, et alors on ne fait que produire une augmentation sur les draps employés, ce qui en diminue la quantité.

Puisqu'il paraît positif que c'est une plus grande quantité de laines améliorées qu'il faut faire produire dans le Midi, pourquoi ne ferait-on pas, pour améliorer la race de nos troupeaux, ce que le gouvernement fait pour améliorer la race des chevaux. Seulement avec la différence qu'il faudrait placer, chez des propriétaires soigneux des lots d'un bélier, et deux brebis du troupeau de Perpignan, à titre gratuit, et sans frais de transport. L'année d'après, les béliers passeraient chez d'autres propriétaires, et les deux brebis seulement, après qu'elles auraient nourri leurs agneaux. De cette manière, en conservant les deux agneaux le propriétaire aurait un moyen d'améliorer continuellement sa laine; dans dix ans, nous aurions une grande quantité de troupeaux métisés, et plus de laine que n'en donneraient des bêtes à laine de race pure.

Dans chaque arrondissement, un agronome serait choisi par l'autorité pour surveiller les résultats de cette opération, et tenir note des progrès de l'amélioration.

Mais, bien plus, si le gouvernement attachait quelque valeur exagérée à son troupeau de Perpignan, les conseils généraux pourraient voter des fonds pour loger des bêtes à laine à distribuer.

J'oserais croire que, du moment que le propriétaire n'aurait aucune dépense à faire, et qu'il ne répondrait d'aucune perte, on verrait l'amélioration de nos laines marcher rapidement, et nos fabriques pourraient suivre la tendance de l'opinion du moment, et fournir de jolis tissus à bon marché.

Moyen d'Indemniser les Propriétaires Grêlés.

Un fléau bien redoutable dans notre Midi, et d'autant plus important qu'il attaque l'agriculture dans ses racines, la grêle, vient chaque année ravager une partie des départemens du Sud-Ouest, si sujets aux fréquens orages qui se forment sur les Pyrénées.

Il y a huit ans que je présentai au conseil général du Tarn un projet d'indemnité pour les propriétaires grêlés. Le conseil voulut bien l'adopter, en l'insérant dans son procès-verbal. Je considérai cette question sous deux points de vue : indemnité pour la perte des revenus, indemnité pour les impositions. Il me paraissait, en effet, d'une grande justice de ne pas réclamer au propriétaire le montant de ses impositions, puisqu'elles n'étaient établies que sur les revenus (1). Le moyen que je proposais était bien simple. Une propriété était-elle grêlée ? le maire de la commune nommait un expert, qui, accompagné d'un employé des finances, constatait, sur les lieux, si le pro-

______

(1) Là où il n'y a rien, le roi perd ses droits.

priétaire avait perdu le quart, le tiers, la moitié, les deux tiers, les trois quarts ou la totalité. Sur ce rapport, le conseil général indemnisait, sur ces fonds, la quotité des impositions correspondant à la quotité du revenu perdu. Ces fonds étaient formés de l'abandon que faisait le gouvernement de deux centimes des fonds communs qu'il s'était reservés, et d'un ou deux centimes facultatifs, votés par le conseil général. De cette manière, on soulagerait les propriétaires, qui non seulement ont perdu le revenu de l'année, mais compromis même celui de l'année d'après ; mais, bien plus, comme on doit s'attendre que tous les fonds ne seront pas employés, le conseil général pourrait former, avec l'excédant, un fonds de réserve qui, augmentant chaque année, permettrait par la suite d'indemniser les propriétaires de la totalité de leurs pertes. C'est avec des associations de ce genre qu'on pourrait soulager bien des infortunes. Les compagnies pour les incendies n'ont réussi, que parce qu'elles ont obtenu des assurances générales.

Mais, en attendant que de nouvelles institutions produisent ces résultats, nous pourrions du moins profiter de l'utile établissement qui s'est formé à Toulouse, sous le nom d'assurance mutuelle contre la grêle. Cette société est bien loin de procurer des bénéfices aux sociétaires ; c'est tout simplement un sacrifice que fait le propriétaire d'un et demi pour cent, pour, en cas de grêle, recevoir une indemnité proportionnée aux fonds de l'assurance.

Si tous les propriétaires de huit ou dix départemens du Sud-Ouest s'abonnaient, nul doute qu'on pourrait réduire l'assurance à un denier pour cent, et qu'on aurait la certitude d'un remboursement intégral. Malheureusement les départemens éloignés des Pyrénées craignent de faire un sacrifice qui sera tout à l'avantage des départemens plus sujets à la grêle. J'oserais croire que ces propriétaires font un mauvais calcul, et je vais me citer pour exemple.

Dans le département du Tarn, dans l'espace de trente ans nous avons eu quatre fois la grêle (j'ai été grêlé cependant trois fois dans dix ans). J'ai fait assurer toute ma récolte en blé et en vin des domaines que je possède, et en lui donnant un valeur de 27,000 francs ; je paye 5oo francs de droits d'assurance, c'est un 54me ; dans trente ans, j'aurai payé 15,000 francs, et si je calculais sur cinq années de grêle, dont une entière, deux pendant demi récolte, et deux seulement un quart, j'aurais

à recevoir, 1.º 27,000 f. ; 2.º autres 27,000 f.,
et 3.º 13,500 fr. Total 67,500 francs. Si tout
le monde s'abonnait, nul doute que je serais
remboursé intégralement ; mais je ne comp-
terai que sur la moitié, ce serait donc 33,000
francs que j'aurais reçu, et j'aurais encore des
chances favorables, si les sinistres de grêle
n'avaient été trop multipliés. On conçoit,
d'après cet exemple, de quel avantage il est
pour les propriétaires de diminuer les conséquences de ce terrible fléau ; non seulement
on perd le revenu de l'année, mais une partie
de celui de l'année qui suivra, n'ayant pas de
paille, et par conséquent point d'engrais ; et,
pour les vignes, l'effet de la grêle les endom-
mage pour plusieurs années, et cependant il
faut que le malheureux propriétaire paye ses
impositions, sans même avoir la consolation
de recevoir quelque soulagement du gouvernement sur les deux centimes des fonds communs ; ses secours se réduisent ordinairement
à si peu de chose, que beaucoup de propriétaires dédaignent de les réclamer. Comme les
statuts de la société mutuelle pour les assurances contre la grêle ne sont pas répandus,
je vais seulement indiquer les clauses qui
peuvent intéresser les propriétaires.

Il y a trois classes de produits ;

La 1.re comprend les céréales, le chanvre, le lin, fèves, haricots, et prairies naturelles et artificielles ;

La 2.e comprend les vignes ;

La 3.e comprend le tabac.

Le propriétaire déclare, par exemple, qu'il désire assurer 500 sacs de blé, 50 sacs de seigle, 50 sacs maïs, produits de tel domaine ; il évalue le prix du blé à 20 fr., le seigle à 15 fr., le maïs à 12 fr., et 20 barriques de vin à 30 fr. C'est donc, en totalité, 3,950 fr. qu'il fait assurer. La 1.re classe devant payer 1 1/2 pour cent, ce sera 50 fr. 75 c., et le vin devant payer 2 pour cent, ce sera 12 fr., en totalité 62 fr. 75 c. Le payement de l'indemnité est calculé par 20.me, sans que les classes soient solidaires entre elles. Ainsi, si une année le montant de l'indemnité n'a pas été employé, le restant fait un fonds de réserve, avec lequel on complète, autant que possible, les indemnités des années antérieures qui n'avaient pas été payées en totalité.

Les assurances sont pour cinq, sept ou neuf ans ; payables le 30 avril de chaque année.

Le montant des assurances pour tous les lieux, varie en raison du relevé du tableau qui a été dressé du nombre de fois que chaque arrondissement a été grêlé dans l'espace de trente ans. Ainsi ceux qui ne l'ont été que quatre fois sont taxés à 1 1/2 pour cent, et en augmentant de 15 centimes par chaque année au-dessus de quatre. Ainsi, par exemple, Lombés, Samatan, l'Isle - en - Jourdain, Vic, Fezensac, Bordeaux, La Réole, ont été grêlés huit fois dans trente ans, ils payeront 2 fr. 50 c. pour cent pour la 1.re classe, et 3 f. 50 c. pour les vins; tandis que Castres, par exemple, pour la moitié des cantons ne l'ayant été que quatre fois, ne payera que 1. fr. 50 c. pour cent, pour la 1.re classe, et 2 fr. 50 c. pour les vins.

Dans le nombre des lieux plus sujets à la grêle, je citerai :

	fois.	
Montréal, arrondissement de Condom.	10	
Eauze et Cazaubon, ... *idem.*	12	
Fleurance, ... de Lectoure.	10	Relevé
Ponillon, ... d'Ax.	11	de
Dumazan, ... de Nérac.	10	30 ans.
Maubourguet, ... de Tarbes.	12	
Albi, ...	5	
Lavaur.	4	
Gaillac.	4	

En partant de cette base, on a pu établir une sorte de justice dans les cotisations des divers départemens, et c'est à ce principe que la société doit d'avoir déjà plus de 4 millions de revenus à l'assurance.

DIVISION DE LA PROPRIÉTÉ.

> *Les lieux peuplés seront inhabitables,*
> *pour champs avoir trop grande division.*
>
> NOSTRADAMUS, 2.ᵉ *Centurie.*

Comment se fait-il que les opinions politiques soient venues s'immiscer dans l'examen de cette grande question de la division rapide de la propriété ?

Cette querelle, entre la grande et la petite propriété, n'a tenu qu'à la manière dont on a posé la question.

Qu'entend-t-on par grande propriété ? S'il s'agit, comme dans quelques parties de l'Angleterre, en Espagne et en Irlande, de domaines de plusieurs lieues d'étendue, la question sera bientôt résolue ; nul doute qu'une grande partie de ces domaines ne pouvant être cultivée, il y a un grand avantage à la division de ces sortes de propriétés.

Mais quel est le point de division où il faudra s'arrêter ?

Je croirais que l'on pourrait dans le Nord, pays de grandes fermes, où l'on cultive avec des chevaux, fixer la grande propriété à une étendue plus forte que dans le Midi ; mais pour nous, dont tous les domaines sont formés d'un certain nombre de métairies, je crois que l'on pourrait considérer comme grande propriété les domaines où l'on sème 100, 150, 200, et jusqu'à 300 hectolitres de blé, et petite propriété ceux où l'on ne sème que de cinq à vingt hectolitres. Entre ces deux catégories, se trouve une propriété moyenne, qui tend chaque jour à se diviser. Il faut observer que nos domaines du Midi sont composés d'un certain nombre de métairies, souvent peu contiguës, ce qui rend le partage plus facile que si c'était un seul corps de ferme, comme dans le Nord.

En voulant détruire les châteaux, et en divisant la terre en un grand nombre d'individus, on a cru obtenir de plus grands produits, et augmenter ainsi le bien-être du peuple. On a mis en avant que les terres seraient mieux travaillées et plus productives, comme s'il suffisait de semer du blé pour obtenir de grand produits. C'est précisément tout le contraire; on oublie que la terre ne peut produire, sans engrais et sans amendement, de fourrage; par conséquent, plus la propriété sera divisée, moins de moyens on aura de nourrir du bétail; et, par suite, moins d'engrais et moins de produit.

Les aperçus que nous avons sur les départemens cadastrés, portent l'évaluation de la division de la propriété à 160 millions de parcelles. En 1790, on les évaluait à 100 millions. D'après cela, on peut juger, vu la rapidité de la marche du parcellement, qu'elle importance on doit attacher à l'examen d'une question vitale pour notre patrie, soit sur l'effet qu'elle produit de diminuer le nombre des troupeaux, soit sur le résultat que doit produire (heureusement dans un avenir éloigné) la division de la propriété, sous le rapport de la subsistance des villes industrielles.

Diminution du nombre des Troupeaux.

Dans notre Midi, les domaines étant composés d'un certain nombre de métairies, souvent séparées, les unes des autres, par d'autres propriétés, il a fallu une contenance assez étendue pour entretenir un troupeau. Ainsi un domaine dans lequel on sème quarante hectolitres a pu élever un troupeau, et s'est procuré un engrais précieux ; mais, à la mort du propriétaire, s'il laisse plusieurs enfans, chacun d'eux prendra une métairie, et aucun ne pourra entretenir un troupeau. Ce résultat est d'autant plus commun, que, dans les partages, chaque enfant attache beaucoup de prix à être propriétaire, par l'espoir de figurer un jour sur les listes électorales. Est-ce un bien, est-ce un mal ? L'expérience en décidera. C'est ainsi que, dans la commune de Cambon, de huit troupeaux qu'il y avait il y a trente ans, il n'en reste qu'un seul. La commune de Castres vient de voir supprimer cinq troupeaux, dans l'espace de six années.

Plusieurs causes réunies ont amené ces tristes résultats ; entr'autres, l'ignorance et le peu de soin des bergers, qui laissent les troupeaux dévorer les fourrages artificiels , et souvent les blés et les taillis. Une autre cause est venue encore augmenter le mal , c'est la dernière loi forestière , qui impose tant de soins et de précautions dans la conduite des troupeaux dans les bois où ils ont le droit de dépaissance , qu'un grand nombre de propriétaires ont mieux aimé réformer leurs troupeaux que de s'y assujettir.

Les résultats de cette tendance sont faciles à prévoir. Pour l'industrie agricole, diminution d'engrais , par conséquent moins de produit ; pour l'industrie manufacturielle , diminution dans la quantité des laines du pays , si nécessaire pour la fabrication des draps communs.

Mais par quel moyen pourra-t-on arrêter , ou du moins diminuer ces tristes résultats.

J'oserais croire qu'une amélioration dans la

loi forestière, une meilleure instruction qui formerait de bons bergers, à l'instar de ceux du Nord, enfin une diminution dans les droits de successions, quand, dans un partage, les fonds de terre resteraient sur une seule tête (1), seraient peut-être un moyen de retarder les progrès du mal.

Rareté des Blés dans les Marchés, pour l'avenir, par l'effet de la Division de la Propriété.

Quoique le danger que je vais signaler soit encore bien éloigné, il m'a paru, pour notre Midi, d'une telle importance, qu'il serait peut-être utile de le faire connaître.

Sans nul doute un très-petit domaine, cultivé par les propriétaires eux-mêmes, donne, proportion gardée, plus de revenu au propriétaire que celui dont la culture est dirigée par un homme d'affaires.

Mais quel est celui qui fournit au pays le plus de moyens de subsistance? C'est, sans nul doute, le grand domaine. C'est là le point

---

(1) Lorsqu'un héritage se compose de terres, maisons et capitaux, chaque enfant veut avoir sa part de chaque objet; on partage même les châteaux. Le droit électoral attaché à 200 fr. est une des causes de cette division de propriété; plus élevé ou abaissé, il ne produirait pas le même effet.

essentiel, la question vitale dont on n'aurait pas dû s'écarter.

En effet, pour le petit propriétaire, l'essentiel est de récolter tout ce dont il a besoin, du blé, du maïs, des pommes de terre, du vin, de la laine, un peu de lin et de chanvre. Pour atteindre ce résultat, il faut que la totalité de sa terre soit en culture ; c'est chez lui que la suppression des jachères est établie ; mais, ne pouvant réparer un sol épuisé par cette succession de récoltes, ayant très-peu d'engrais, et ne pouvant amender ses terres avec les fourrages, il ne peut obtenir les mêmes résultats que le grand propriétaire, qui suit un bon assolement. Il est vrai que le petit propriétaire a peu de frais à faire ; mais peu importe à l'État que les propriétaires dépensent peu ou beaucoup, ce sont de grands produits qu'il désire. Pour prouver combien cette opinion est fondée, je vais citer un fait qui m'est personnel. Dans la métairie dont j'ai cité les produits, je sème, chaque année, cinquante - cinq hectolitres de grains, blé, méteil et seigle, de six à huit demi-hectares en avoine, et autant en pommes de terre. Six petits propriétaires, ayant juste la même contenance que la mienne (nos champs sont même entremelés) sement la même quantité que moi.

Eh bien, en 1832, j'ai récolté, comme on l'a vu, 752 hectolitres de tout grain, et les six propriétaires n'ont eu que 284 hectolitres blé et seigle, 30 hectolitres avoine, et 45 maïs. Cette même année, j'ai pu fournir aux marchés 600 hectolitres blé, seigle, avoine, et 600 quintaux de pommes de terre, et les six petits propriétaires n'ont pu en vendre que 145. Dans vingt ans, la subdivision réduira ce nombre de moitié.

Supposons à présent tous les domaines divisés en petites métairies de cinq à dix hectolitres de semence, on verra insensiblement diminuer la quantité de grains nécessaires à la consommation des villes, surtout dans les départemens industriels, et, si l'on considère que cela aura lieu avec l'augmentation de la population, on doit frémir de l'avenir qui menace notre patrie ; car, pour ne pas redouter la diminution des produits agricoles, qui doit amener nécessairement le morcellement de la propriété, il faudrait supposer que la France produisît le double de grains qui lui sont nécessaires, ou bien il faudrait défricher les terres incultes, et former une vaste colonie en Afrique (1).

---

(1) Un rapport du comité d'agriculture à Londres, vient de confirmer mon opinion.

En Angleterre, 10 familles nourrissaient, en 1791, 14 familles 1/2

Pour bien apprécier le danger que je signale, il faut considérer la manière dont nos marchés sont fournis. Depuis le mois de Septembre jusqu'au mois de Février, les petits propriétaires et les métayers à moitié fruits s'empressent de vendre l'excédant de leurs besoins ; les marchés sont alors abondamment fournis, les impositions payées, et chaque petit propriétaire achète tout ce dont il a besoin pour sa famille. Le grand propriétaire, moins pressé, attend jusqu'en Avril et Mai, époques où il y a ordinairement une hausse. Si son espoir est trompé, il attend jusqu'à l'année prochaine, et forme ainsi des greniers d'abondance. Cela se passait ainsi avant la révolution chez le clergé et les ordres religieux, où l'on trouvait, dans les années disetteuses, de grandes ressources pour alimenter les marchés, et des distributions gratuites de grains pour les indigens.

Supposons à présent deux mauvaises années, comme en 1816 et 1817, où le prix du blé dépassa trente francs ; supposons encore la propriété divisée en petites métairies, ayant

---

	Et en 1831,	26	
En France, 10 familles . . . . en 1791,	14		1/2
	Et en 1831,	3	1/3

Après avoir fourni à leur propre subsistance.

chacune leur propriétaire. Depuis la récolte jusqu'au mois de Février, tous ces petits propriétaires auront vendu le surplus de leurs besoins. Ceux dont la fortune est plus considérable, reste de la grande propriété, voyant le haut prix des grains, s'empressent de vendre leurs récoltes à des spéculateurs, qui les expédient dans le Bas-Languedoc et en Provence, où ils sont à un haut prix (1). Alors comment s'alimenteront les marchés aux mois de Mai et de Juin, époques de rareté des grains, même dans les années ordinaires, quand le blé est à un bon prix ? Les greniers d'abondance n'existeront plus chez les grands propriétaires, ils sont devenus presque tous petits propriétaires. Fera-t-on venir des grains des départemens environnans ? Mais eux aussi auront fait les mêmes calculs et seront dans la même position. Comment alors fournir aux besoins des villes industrielles ? Et qu'on ne dise pas qu'il y aura eu des négocians qui auront fait de grands achats à l'avance. Cet état des commerçans en grains est perdu, soit par les dangers qu'ils

---

(1) Du moment que les propriétaires auront pour perspective l'importation des blés d'Odessa à un pris si peu élevé, il ne faut pas s'attendre qu'ils conservent leurs récoltes dans leurs greniers quand ils en trouveront un bon prix. Il faudrait pour cela un patriotisme bien robuste.

courent de la part du peuple, soit par le grave inconvénient de l'entrée des blés étrangers, qui s'oppose à tous les calculs du commerce. Aussi cet état est entièrement abandonné à des accapareurs peu solides. Croit-on qu'on remédiera au mal par l'importation des blés? Mais l'expérience de 1816 et 1817 a prouvé que cette mesure ne peut fournir que deux ou trois jours au plus de subsistance.

Il n'y a que les minoteries qui facilitent aux propriétaires la vente de leurs grains ; mais malheureusement la fraude est venue décréditer cette utile industrie. Quelques minotiers mélangent la farine de maïs, par cinquième, avec la farine de blé.

Il est assez extraordinaire que, dans cette discussion sur la division de la propriété, on ait fait jouer à l'Angleterre son rôle obligé. Ainsi, c'est avec peine que je vois se perpétuer cette anglomanie, qui veut faire du peuple Anglais le peuple de l'Europe le plus civilisé, le plus instruit et le plus heureux (1).

____

(1) Lorsque le choléra parut à Londres, le parlement institua un comité, pour aller visiter les maisons de la classe ouvrière. Le rapport établit que dans le faubourg du Sud il trouva, dans une chambre de quinze pieds de long sur dix de large, vingt-quatre personnes couchées ; les femmes sur le plancher, et, au-dessus, deux étagères de cordes, arrêtées d'un mur à l'autre, à

C'est contre cette opinion, si peu française, que nous avons vu s'élever, en 1826, avec un rare talent, M. Rubichon, négociant français, qui a séjourné trente ans en Angleterre, et qui, doué d'un grand esprit d'observation et de recherche, a détruit, avec des chiffres incontestables, cette fantasmagorie à travers laquelle on préconisait la vieille Angleterre.

Je vais seulement prendre, dans cet ouvrage intéressant, quelques faits qui se rattachent au sujet que je traite, c'est-à-dire aux inconvéniens de la division de la propriété.

Sous François I.er, la France n'avait que dix millions d'habitans ; la durée majeure de la vie était de 18 ans. Peu à peu le sol a été assaini, des défrichemens ont eu lieu. Cent ans après la mort d'Henri IV, la France comptait quatorze millions d'habitans, et la vie humaine était de vingt-deux ans. A la fin du règne de Louis XIV, il y avait vingt et un millions d'habitans, et la vie humaine était de vingt-six ans ; et enfin, en 1827, il y a avait plus de trente-deux millions d'habitans, et la durée de la vie était de trente-quatre ans.

---

trois pieds de hauteur, là étaient étendus les hommes. L'Angleterre, sur seize millions d'habitans, en a quatre qui sont réduits à une extrême misère; à cela joignez la presse des vaisseaux, le plus grand fléau dont un peuple puisse être frappé.

Examinons l'effet de cette longévité.

De 1771 a 1780,	De 1817 a 1826.
Il y a en Enfans trouvés 20,019	67,304
Enfans légitimes. 920,915	890,330
Mariages. 213,774	220,618
Décès. 818,491	772,427

On voit que, dans un espace de quarante-six ans, le nombre des mariages est resté stationnaire, quoique la population se soit accrue d'un 1/4. Il s'ensuivrait que la longévité humaine augmenterait le nombre des célibataires. Une autre observation importante, c'est que, de 1771 à 1780, chaque dix mariages ont produit quarante-trois enfans, et, de 1817 à 1826, ils n'en ont donné que trente-neuf. D'après un relevé fait à l'académie des sciences, il se trouve que dans le 18.me siècle l'âge moyen des femmes, à Paris, au moment de leur mariage, était de vingt-quatre ans neuf mois ; il est à présent de vingt-huit ans (1).

____

(1) Je croirais qu'on pourrait expliquer cette différence, en ce qu'avant la révolution les femmes régnaient en souveraines dans

Voici maintenant le tableau de la société en France, tel que la formé la division des propriétaires, ou la petite culture :

Enfans des deux sexes, jusqu'à 20 ans.	12,800,000
Femmes mariées, de 20 ans et au-dessus.	5,760,000
Hommes mariés, *idem*.	5,760,000
Femmes célibataires.	3,840,000

Hommes célibataires,

De 20 à 25 ans.	1,006,000	
25 à 40	1,075,000	
40 à 50	692,000	3,840,000
50 à 60	461,000	
60 à 80	576,000	

TOTAL de la Population. . . . 32,000,000

La France est donc surchargée de 3,840,000 célibataires. Ainsi, sur 100 individus arrivés à l'âge viril, il y en a 40 qui ne peuvent se marier. Sous François I.er, sur 100 hommes il n'y avait que 10 célibataires; sous Henri IV, 22; sous Louis XIV, 30; il y en a maintenant 40. L'effet de la division de la propriété est tel,

la société; elles jugeaient, sans appel, le bon ton, les grâces, l'amabilité, les talens; elles devaient alors être très-empressées de jouir de cette souveraineté; mais à présent qu'elles ont été obligées d'abdiquer, et d'adopter un genre de vie bien respectable sans doute, mais bien ennuyeux, elles ne se pressent pas d'entrer dans une carrière où l'on ne permet pas la plus légère coquetterie, et où elles n'ont d'autres distractions que la toilette et les charades.

que l'Angleterre et l'Autriche, pays de grande culture, augmentent leur population de 15 pour cent chaque dix ans ; et la France, pays de petite culture, seulement de 7 et demi pour cent. Ainsi, sur 100 hommes parvenus à l'âge de virilité, la France a 40 célibataires, et l'Angleterre et l'Autriche n'en ont que 25.

Que l'on se représente à présent l'effet que doivent produire sur la société trois millions et demi de célibataires, dans la force de l'âge et l'effervescence des passions, dont les espérances de fortune sont trompées par la force des choses.

Voilà une des plus grandes causes de la dissolution de la société ; on ne pourrait y remédier que par des moyens extraordinaires. L'Angleterre, en déportant ses criminels à l'extrémité du monde, a remédié au grave inconvénient des forçats libérés, dont la rentrée dans la société est une cause perpétuelle de crimes (1) ; elle a pu, avec ses nombreuses colonies, placer l'excédant d'une population devenue tous les jours plus redoutable. L'Allemagne voit, toutes les années, ce même excédant de population aller s'établir en Amérique.

____

(1) Pourquoi ne pas former à Alger un établissement de forçats libérés ne pouvant rentrer en France. Par ce moyen, on supprimerait la peine de mort.

Pour nous, la Providence semble nous avoir
accordé, par la conquête d'Alger, un moyen
de former de l'excédant de la population
une colonie qui remplacerait avantageusement
celles que nous avons en Amérique, appa-
ramment pour peu de temps ; car, il ne faut
pas s'abuser, l'Angleterre se flatte, avec raison,
que toutes les crises d'indépendance, devenues
communes aux colonies européennes, et l'é-
mancipation des nègres, feront tomber entre
ses mains le monopole de toutes les denrées
coloniales. Ce grand plan est suivi avec une
persévérance admirable, et explique fort bien
l'importance que le gouvernement anglais a
mise à exiger des autres puissances l'abolition
de la traite des noirs, et cela sous le masque
de la philantropie. Si on veut bien observer
que, sous le climat brûlant des Antilles, il
n'y a que les nègres seuls qui puissent résister
aux travaux pénibles qu'exige la culture des
denrées coloniales, on peut fixer dans un
avenir peu éloigné l'anéantissement des diverses branches du commerce des colonies.

C'est en prévoyant cette époque que la
compagnie des Indes a fait planter, dans ses
vastes possessions du Bengale, une quantité
immense de mûriers, qui fournissent déjà une
partie des soies nécessaires à leurs fabriques,

tellement qu'en 1822 , elles ont employé plus d'un million pesant de soie brute de l'Inde ; tandis que l'Italie ne leur en a fourni que 550 mille livres ; et nous, dont les soieries étaient si renommées et recherchées, même en Angleterre , nous n'employons dans nos fabriques que 987 milliers de soie.

L'indigo , qu'elle a fait cultiver avec succès dans l'Inde , peut fournir à la consommation de l'Europe.

Le chanvre du Bengale rivalise avec celui de Russie, et peut être livré à meilleur marché.

Le coton d'Asie est supérieur à celui d'Amérique.

Le café et le sucre ont parfaitement réussi dans les riches fonds de l'Inde , et peuvent être donnés à meilleur marché que ceux des colonies Américaines.

Ainsi le Bengale , parvenu au plus haut degré de prospérité , précisément à l'époque où les colonies européennes , grâce à la philantropie anglaise , seront tombées à un point de décadence , dont il leur sera impossible de se relever ; le Bengale , dis - je , deviendra l'unique ressource de l'Europe, et l'Angleterre triomphante enlacera plus que jamais l'univers de ses flottes commerciales , en appesantissant le joug que la nécessité a déjà forcé d'accepter.

Quoiqu'il en soit, la véritable puissance de l'Angleterre est dans l'Inde. C'est là le principal ; la métropole n'est que l'accessoire.

Quarante millions d'habitans, parmi lesquels il n'y a que quarante-six mille européens , forment la population de ce vaste empire, qui s'accroît encore. Trois mille anglais sont chargés de toutes les branches de l'administration. Les forces militaires se composent de 25 mille anglais et de 140 mille indiens , commandés par cinq mille officiers anglais.

Un empire dont les côtes ont huit cents lieues, et l'intérieur trois cents de profondeur, gouverné par quelques milliers d'européens, prouve l'énergie et l'habileté de la compagnie anglaise.

Et nous qui , par la glorieuse conquête d'Alger , pouvons secouer le joug des anglais , nous procurer à bon marché toutes les denrées coloniales, et cela pour ainsi dire à nos portes; qui pouvons fonder une colonie immense avec l'excédant de la population, colonie si aisée à défendre , serions-nous assez peu français pour renoncer à un bienfait signalé de la Providence? Les anglais, dans la même position, feraient trente ans la guerre pour conserver ce nouveau Bengale.

En se rappelant que la France a résisté à

la terrible épreuve de trente ans de révolution,
et qu'elle en est sortie puissante ; quand on
réfléchit à ce qu'elle a fait, et à ce qu'elle
peut faire avec des institutions appropriées
à son génie et à ses mœurs, on doit se tran-
quilliser sur son avenir, et croire que ce grand
empire est gouverné par la Providence.

Je venais de terminer cet article, lorsque un
publiciste, d'une haute réputation financière,
un de mes honnorables amis, M. Rubichon,
négociant de Lyon, que j'ai déjà cité,
est venu prouver incidemment les grands
inconvéniens de la division des propriétés en
France, avec des documens officiels, et une
puissance de chiffres qui donnerait plus d'importance à l'examen de la question sur laquelle
j'ai appelé la méditation des vrais amis de leur
pays (1).

Le grand principe sur lequel s'appuie
M. Rubichon est celui que la force ou la
faiblesse d'un empire dépend de la quantité.
non pas de ses habitans, mais de ses subsistances. Ainsi, si la quantité des subsistances

______

(1) J'ai cru devoir présenter, à l'appui de mes opinions, des
extraits, des calculs, que M. Rubichon a puisés dans les documens
officiels des gouvernemens anglais et français. C'est une idée bien
ingénieuse et bien profonde, de n'établir la propriété des empires que sur les subsistances, et non sur le commerce et l'industrie.

augmente plus que celle des habitans, l'empire se renforce, et il s'affaiblit, si c'est le nombre des habitans qui augmente plus que la quantité des subsistances. C'est sur ce principe qu'il établit les graves inconvéniens de la division de la propriété.

Pour avoir l'accroissement de la quantité de subsistance, il faut avoir recours à l'augmentation des bœufs et des moutons.

Nous allons établir l'état des familles propriétaires du sol français.

21,456 familles possèdent l'un portant l'autre. 880 hec.

168,845. 62

217,817. 21

256,532. 12

258,432. 8

361,711. 5

567,687. 3

851,280. . . . . 1 2/3

1,101,421. . . . . » 1/2

406,000 familles vivans comme fermiers ou journaliers ne possèdent pas de fonds.

Il résulte de ce tableau que le morcellement de la propriété, qui n'était que de 100 millions de parcelles en 1790, est, en 1834, de 165 millions. Ainsi, plus de trois millions de familles, formant à peu près quinze millions d'individus, n'ont aucune existence assurée.

Mais, de plus, cette existence ne peut avoir lieu que sur le produit de cinquante mille hectares de superficie, dont un tiers est à peu près inculte.

C'est donc 21,446 familles qui forment la grande propriété en France, et 3,785,444 familles la petite; et on voudra bien observer que, sur ce nombre, un million de familles ne jouissent que d'un demi-hectare.

Qu'on veuille bien examiner qu'elle importance pourra avoir, dans cinquante ans, cette grande propriété, soumise à l'action d'un dissolvant aussi actif que celui qui nous régit actuellement, où sur cent individus il y en a quatre-vingt-trois qui ne possèdent rien, et ne vivent que de leur travail journalier.

Pour bien se rendre compte de la quantité des subsistances produites par les bestiaux, il faut connaître les consommations. Nous allons choisir Paris, comme offrant plus d'exactitude. Ce rapport de produit se trouve, à peu de chose près, le même dans les départemens du royaume.

POIDS DES ANIMAUX SELON LAVOISIER.	CONSOMMATION MOYENNE DE PARIS.					
	DE 1766 à 1775.	DE 1786 à 1790.	DE 1806 à 1810.	DE 1822 à 1823.	DE 1828 à 1829.	EN 1831.
700 liv. Bœufs. . . .	66,784	67,104	70,081	74,686	70,658	61,670
250 Vaches. . .	20,966	16,463	12,821	8,273	13,769	14,389
60 Veaux. . : .	107,949	95,731	85,395	73,917	63,559	62,867
40 Moutons. . .	333,921	340,125	345,730	351,958	365,746	288,203
200 Porcs. . . .	55,150	66,220	75,365	87,994	87,877	76,741
Viande à la main. . .	défendu.	*idem.*	*idem.*	3,400,000	6,524,132	890,406
Population de Paris. .	571,132	608,090	651,317	713,765	890,406	890,406
Quantité de livres par chaque habitant. . .	145 liv.	138	131	123	108	95

Ce tableau présente une observation importante ; dans les cinquante-cinq années écoulées depuis 1766 jusqu'à 1821, la consommation de la viande n'a diminué que de 145 à 123, et, dans les dernières années de 1821 à 1831, de 113 à 95, ce qui donne une réduction d'un quart, eu égard aux populations.

Peut-être dira-t-on que les parisiens ont préféré manger plus de pain que de viande. Cela dépend des goûts. Je vais donner le relevé officiel de la consommation des farines.

CONSOMMATION MOYENNE DE PARIS.	
EN 1821 ET 1822, HABITANS : 713,765.	EN 1831, HABITANS : 890,406.
Sacs de farine. . 627,860	587,910
Fromage sec, liv. 1,348,580	996,369
Vin, hectolitres. 828,110	776,784
Bière, *idem.* . . 42,774	28,573
Eau-de-vie, *idem.* 148,276	112,059

Les résultats de ces calculs font connaître la diminution des subsistances que les parisiens ont été obligés de s'imposer dans un intervalle de douze années.

Sur le poisson, le gibier, la volaille, le beurre, et les œufs. . . 10 pour cent.

Sur la viande de toute espèce. 24

Sur les farines. 33

Sur le vin. 25

Sur le fromage sec. 40

Sur la bière. 40

Sur l'eau-de-vie. 47   (1).

Voyons à présent pour la France, d'après l'extrait du cadastre, le résultat de la division de la propriété, sur chaque mille hectares ; nous trouvons :

Cinq familles ne possédant rien, travaillant comme journaliers ;

Trente familles possédant, l'un dans l'autre, un hectare, divisé en quatre parcelles ;

Douze familles possédant quatre hectares, divisés en huit parties ;

Sept familles possédant dix hectares, divisés en dix parties ;

Six familles possédant quarante hectares, divisés en vingt parties ;

Il reste encore six cent douze hectares,

-----

(1) Si cela continue ainsi, dans quatre-vingts ans on n'aura pas besoin de s'occuper des subsistances, la France sera peuplée d'anachorètes, ne se nourrissant que d'herbes et de fruits.

composés de landes , vacans , dépaissances non cultivées , et bois.

Voilà donc soixante familles françaises , établies sur une même étendue de terre que dix familles en Angleterre ; mais ces trois cents individus , n'ayant ni l'argent, ni les bâtimens nécessaires, ni les engrais suffisans, ne pourront fournir aux besoins de la ville industrielle que soixante bœufs et six cents moutons ; tandis que les anglais ont fourni six mille moutons et six cents bœufs.

Qu'il me soit permis de faire observer le rapport exact qu'il y a entre les calculs ingé-nieux que fait M. Rubichon , et ceux que j'ai présentés sur ce même sujet, c'est-à-dire sur la diminution des subsistances en grains que doit amener la division de la propriété. Je me félicite de m'être rencontré , dans la même route, avec un observateur d'un mérite aussi distingué que M. Rubichon.

Une autre question importante se présente. La classe la plus nombreuse de la société , celle des journaliers , a-t-elle gagné ou perdu à la division de la propriété ? Si on compare le prix des denrées de première nécessité, de l'époque avant la révolution , avec le prix actuel, on trouvera une augmentation presque du double , par les nouveaux impôts, les droits d'octroi, droits de place, etc. Une paire de souliers qui coûtait, en 1788, trois francs, en coûte six à présent ; la bure qui durait dix ans, n'en dure que quatre actuellement ; le sel, un des premiers besoins du peuple, coûtait, avant 1789, treize francs ; il coûte à présent trente-deux francs ; le vin a presque doublé, et cependant les frais des journées ont peu augmenté. Tout cela prouve que la meilleure révolution, d'après M. Benjamin Constant, ne vaut rien, en ce qu'elle menace toujours le bien-être du peuple.

Quel est le publiciste qui aurait pu prévoir, en 1790, lorsque l'Angleterre et la France se trouvaient au même point, que cent familles anglaises, livrées à l'agriculture, et nourrissant un nombre à peu près égal d'individus non agricoles, se renforceraient tellement, dans l'espace de quarante ans, qu'elles pourraient fournir à la consommation dans la proportion de 143 à 250, tandis que la France diminuerait de 143 à 33 ?

ESPÈCES de culture sur chaque 100 hectar.	ETAT DES CULTURES.	REVENU imposable.	
3	En Jardin, Olivier, Pépinière, lin, chanvre, murier, tabac, etc.	60	
7 1/2	Prairies.	52	95
4 1/2	Vignes.	43	85
48	Terres labourables	26	30
15	Bois taillis.	7	10
16	Landes, vacans, pâtures . . .	3	50
6	Eaux, routes, villes, bâtimens.		
100	Moyenne. . . .	22	53

Il faut observer que les subsistances qui proviennent du règne animal ne coûtent aucun transport. Mais, vous dit M. Rubichon, du moment qu'à des nourritures qui marchent, vous substituez une nourriture qui ne marche pas, il faut augmenter la quantité de chevaux pour les transports, et plus vous multipliez les chevaux, moins vous avez de bœufs et de moutons ; les engrais diminuant, on les emploie aux cultures qui en exigent moins, et, au lieu de semer des grains, on sème des légumes, et surtout des pommes de terre, dont on obtient de plus grands produits. C'est ainsi

que, d'après le rapport officiel, nous avions,
en 1819, 1,800,000 chevaux ; et, en 1831 , il
y en a 2,700,000, tous destinés aux transports ;
car, ajoute le ministre, il ne nous reste que
peu de chevaux de selle ou de luxe. Notre seule
ressource a été de tirer de l'étranger. Aussi
cette importation qui, en 1819, n'était que
de 7,000 chevaux , s'est graduellement élevée
à 33,000 , en 1832. Et comment en serait-il
autrement, puisque Paris, quand il était peuplé de 571,000 habitans , consommait 66,000
bœufs et 333,000 moutons ; et, en 1831 , avec
890,000 habitans , Paris n'a consommé que
61,000 bœufs et 278,000 moutons ?

Sans doute l'engrais des chevaux est très-bon,
mais une bonne moitié se perd en route , et
cet animal coûte autant à nourrir que trois
hommes, et encore il lui faut un homme pour
le conduire et le soigner , et un aubergiste pour
soigner le conducteur , et, sur treize années de
vie moyenne , il faut le nourrir trois et quatre
ans sans en obtenir de travail. Le bœuf et le
mouton , au contraire, fournissent à l'homme
l'équivalent de toute la nourriture qu'ils consomment, indépendamment de leur dépouille.

Cela nous conduit à l'examen de cette question : des campagnes où il y aurait peu d'habitans et beaucoup de bétail, donneraient-elles

au pays plus de force et d'aisance réelle, que les campagnes peuplées d'hommes, et où il y aurait très-peu d'animaux ?

C'est exactement la position de la grande et de la petite propriété, c'est-à-dire, de l'Angleterre et de la France.

Nous allons donc comparer mille hectares en Angleterre, avec mille hectares en France.

Les mille hectares anglaises sont divisés en dix fermes de cent hectares, cultivés par dix individus. Chaque fermier cultive son lot, un tiers en céréales très-casuelles, et les deux autres tiers en fourrage pour la nourriture des bestiaux. Il en résulte que ces mille hectares produisent six cents bœufs et six mille moutons, dont la chair nourrit, et l'enveloppe occupe plus de trois cents industriels.

Depuis vingt ans, on ne cesse de défricher les prairies, les bois et les montagnes ; ce sont précisément les parties cadastrées qui supportent un revenu imposable considérable. Il en est résulté, comme on peut le voir dans le tableau, que le revenu imposable est tombé de cinquante-trois à vingt-six, et, comme le nombre des bestiaux a diminué en proportion, les terres labourables se trouvent épuisées. Cet état des choses a amené l'augmentation de la

quantité de chevaux, et par suite l'importation
de   50,000 bœufs,
            250,000 moutons,
            14,000 chevaux.

Maintenant il faut examiner le produit des familles agricoles dans les deux royaumes, et toujours eu égard à la division de la propriété.

Les rapports officiels établissent que, sur cent familles, la France en avait soixante-quinze vivant par l'agriculture, et l'Angleterre seulement vingt-huit. Le tableau suivant va faire connaître le résultat de cette position.

PRODUIT de 1,000 familles vivant par l'agriculture, en 1830, en Angleterre.	PRODUIT de 1,000 familles vivant par l'agriculture, en 1830, en France.	PRODUIT GENERAL de l'Angleterre, avec 14 millions d'habitans.	PRODUIT GENERAL de la France, avec 32 millions d'habitans.
En Chevaux........ 273	 65	 170,000	 40,000
Moutons......... 11,000	 1,040	 10,200,000	 5,200,000
Bœufs........... 1,230	 203	 1,250,000	 800,000
Grains, hect. 56,000	 40,000	Obtenus avec 928,000 familles.	Obtenus avec 4,211,000 familles.

Une observation importante que fait
M. Rubichon sur la diminution de la consommation de Paris et des villes de France,
c'est que, dans les temps de troubles et de
crises politiques, les objets de consommation
de luxe diminuent moins que ceux de première nécessité ; ainsi la volaille, le gibier,
que le riche seul achète, n'a diminué à Paris
que de dix pour cent, tandis que le pain et
le vin ont diminué presque de vingt-cinq
pour cent. Il résulte de cette observation
que, si la production du règne animal diminue d'un quart, la quantité de toutes les
subsistances du peuple diminuera d'un tiers
et même de moitié, et les besoins poursuivront
la partie la plus pauvre de la société, ce
qui doit par conséquent augmenter le nombre
des décès dans les villes. Aussi a-t-on observé,
d'après les rélevés administratifs faits à Paris,
que la mort, qui, dans les quartiers les plus
riches de Paris, n'enlève annuellement qu'une
personne sur cinquante-six, en fait périr
une sur vingt quatre dans les quartiers pauvres.

Voyons à présent l'effet de la division de
la propriété sur la population de l'Europe.
D'après les derniers renseignemens, il résulte
que, depuis 1790 jusqu'en 1831, l'Espagne et
la Prusse ont augmenté de 100 à 130, l'An-

gleterre et l'Autriche de 100 à 150 et 173 ,
et la France seulement de 100 à 114.

Mais, dans le même temps, les subsistances
augmentaient dans ces pays à grande culture,
tandis qu'en France elles diminuaient de 100
à 90.

Voilà donc l'agriculture attaquée jusque
dans ses racines par le morcellement, mais les
emprunts viennent encore lui porter un grand
préjudice, en la privant des capitaux qui lui
sont nécessaires. Lors de la longue lutte de
M. Pitt avec Bonaparte, l'Angleterre fut obli-
gée de se livrer à d'énormes emprunts, mais,
pour remédier à cet inconvénient , M. Pitt
encouragea la fondation d'une multitude de
banques sur tous les points du royaume. En
moins de deux mois , il s'en établit 700. Il
affranchit du droit de timbre leurs billets de
banque, et les fit accepter en payement des
impôts : alors les entreprises colossales pour
la prospérité de l'agriculture ne furent jamais
compromises faute de capitaux. L'intérêt était
à quatre pour cent.

Un système d'impôts indirects bien conçu ,
établi sur les objets de luxe, permettant de
diminuer l'impôt foncier , serait sans nul
doute bien utile à l'agriculture, mais en France
il serait bien difficile à établir; il n'y aurait

que l'organisation d'une réunion de plusieurs départemens qui permettrait cette grande amélioration ; jusque-là ce genre d'impôt sera établi sur des causes de calamités. C'est ainsi que l'accroissement des produits de l'enregistrement qui s'est élevé de 105 millions à 136, n'est qu'une preuve que les divisions des propriétés ont augmenté dans la même proportion.

L'accroissement du timbre, des hypothèques et du greffe, prouve qu'un plus grand nombre de malheureux ont été ruinés.

La France a, proportionnellement, autant de terres incultes que tel état de l'Europe, et à aussi bon marché. Dernièrement cent mille hectares de landes ont été vendues 100,000 fr. La France, indépendamment du climat, a, sur l'Angleterre, l'avantage d'avoir une juste proportion de hautes montagnes, de collines et de plaines, ce qui réunit les productions du Nord et du Midi ; sur l'Allemagne, l'avantage de ne former qu'une seule principauté, et d'avoir sa circonférence baignée par la mer ; sur l'Espagne, celui d'avoir des eaux abondantes et des fleuves navigables, qui facilitent son commerce. Et cependant, avec tous ces avantages, nous sommes bien loin du bien-être général et de la prospérité dont nous devrions jouir.

On a pu voir dans ce chapitre les effets de la division de la propriété, diminuant les produits quand la population augmente. Il en résulte qu'un grand nombre d'agriculteurs deviennent artisans et marchands colporteurs ; mais, bientôt, ruinés par la concurrence , un grand nombre essayent des professions libérales qui leur sont ouvertes ; quelques - uns arrivent au sommet , et là se trouvent les grandes masses qui se précipitent sur tous les emplois , et laissent un nombre infini de prétendans dans la misère.

M. Rubichon nous fournit un document administratif qui peut nous fixer sur ce triste résultat.

Par un traité fait avec une compagnie , la commune de Paris fixe plusieurs degrés pour les pompes funèbres ; le plus bas prix est 15 f. ; mais, en même temps , il est dit que, pour le pauvre ne pouvant payer cette somme , la compagnie fournira l'enterrement gratis, et que la ville lui payera 8 francs.

Dans les dix années de 1821 à 1830 , il y a eu à Paris 261,360 décès , savoir :

   88,237 aux divers hôpitaux, soit 34/00
128,503 enterrés gratuitement. . . 49/00

216,503 indigens , soit. 83/00
  44,857 ont payé leur enterrement 17/00

Ce chiffre de 83 est, juste, le nombre d'individus que l'on a pu voir figurer dans le classe-
ment de la société. Heureusement que dans
le reste de la France la proportion n'est pas
si forte.

Mais comment parvenir à faire subsister
cette masse d'indigens. En Angleterre, après
la spoliation des ordres religieux, il a fallu
établir la taxe des pauvres, la plus grande
plaie de l'Angleterre, selon Arthur-Young,
et qui augmente progressivement. En France,
les principes de la religion catholique sont
venus au secours des pauvres, surtout depuis
1815. On en jugera par la progression des legs.

De 1802 à 1815, en 14 ans, 5,101 donataires,   9,896,000f.
De 1816 à 1820, en 14 ans, 18,104 . . . . . 85,300,000f.

Examinons à présent les ressources que
notre agriculture fournit à notre industrie. Ici
M. Rubichon va nous fournir des recherches
précieuses. Nous avons vu que, sur cent hectares, nous en avons trente-sept en taillis,
landes, eaux, routes et villes. Sur les soixante-
trois restans, il y en a quarante-huit en terres
labourables qui ne fournissent que très-peu
aux manufactures ; et, pour entretenir les bestiaux, nous n'avons que sept hectares et demi
de prairies par cent hectares.

Les 700,000 bœufs que nous tuons chaque

année donnent, à peu près, 32 millions de livres de cuir, ce qui fait une livre par individu, quantité évidemment insuffisante ; il a donc fallu avoir recours à l'importation.

Nous avons 20 millions de bêtes à laine, mais, une partie étant de la petite espèce, nous n'obtenons, selon M. Chaptal, que 32 millions de laine ; c'est donc encore une seule livre par individu, par conséquent nouveau déficit, et nécessité d'avoir recours aux laines étrangères.

Les vignes entrent dans les cent hectares pour quatre arpens et demi. C'est pour nous une véritable source de richesses, puisque, malgré les droits énormes qu'on a établis, nous avons une balance de bénéfice de 54 millions.

Il reste trois hectares pour les légumes et les fruits. Ces productions sont susceptibles de la petite culture, et cependant nous en importons pour 10 millions de France.

La culture des oliviers devrait être encouragée, puisque nous payons à l'étranger un tribut de 25 millions.

Le tabac n'entre dans les importations que pour 3 millions ; sans doute notre agriculture pourrait aisément les fournir, si nos qualités inférieures n'exigeaient pas d'être mélangées avec du tabac de Virginie.

Nos lins, nos chanvres, sont employés à notre consommation, et le surplus fournit à une légère exportation de toile en Espagne et en Amérique. Il nous faut cependant importer pour 4 millions de fil.

Notre agriculture ne peut pas fournir les soies nécessaires aux fabriques. Nous récoltons, chaque année, 2,200,000 livres de soie, et nous en importons un million de livres.

La vente des forêts de l'état doit avoir de tristes résultats ; elle doit augmenter la pénurie des bois, et surtout de ceux qui servent aux grandes constructions. On peut déjà en juger, puisque nous importons chaque année de la Baltique pour 20 millions de bois.

En 1830, nous avons extrait 1,500,000 tonneaux de houille, et fabriqué 150,000 tonneaux de fer ; mais ces produits sont encore insuffisans, puisque nous importons pour une valeur de 23 millions.

Le cadastre nous donne pour évaluation du revenu imposable de 76,000 moulins 1,850,000, et pour 37,000 forges. . . . . 9,460,000.

Voilà l'inventaire de nos richesses industrielles, et, quoique nous n'employions que seize familles sur cent pour nos manufactures, c'est cependant là une richesse positive, beaucoup mieux établie que celle des Anglais. En effet, dans nos fabrications de luxe, les matériaux n'entrent pas pour un vingtième dans le prix ; tous les objets de ce genre que nous exploitons ne peuvent trouver de concurrens en Europe, et, comme ils sont achetés par les gens les plus riches, on vend comptant et avantageusement. Nous sommes sans doute inférieurs aux Allemands et aux Anglais par la patience et le fini ; mais nos ouvrages ont un goût bien plus sûr et plus délicat.

Pour bien juger l'état de nos richesses par l'agriculture et par l'industrie manufacturière, je vais présenter un document officiel ; ce sera une base pour établir, à la fin de cet ouvrage, les améliorations que nous devons apporter à notre système agricole.

État des Importations, déduction faite des mêmes objets Exportés.

Année commune, de 1824 à 1830 :

Produits qu'aurait dû fournir l'agriculture, et qu'il a fallu importer...

Laine, cuirs, peaux. .	70 millions.
Farineux alimentaires.	45
Huiles et sucs.	25
Fruits.	10
Chevaux, bœufs, moutons.	17
Soie, organsin. . . .	33
Fil.	4
Bois de charpente. . .	20
Fer et cuivre.	23
	247 millions.

Report. . . . . . . 247 millions.

Produits que la France ne pourrait fournir, mais dont une partie pourrait être cultivée dans la colonie d'Alger.	Sucre et café. . . . 65	
Coton. 30	
Indigo et teinture. 20	144 millions
Pêche. 8	
Bois d'Acajou. . . . 3	
Diamans. 12	
Tabac, épice. . . . 6	

TOTAL des Importations. . . . 391 millions.

État de nos Exportations, déduction faite de chacun des articles Importés.

De 1824 à 1831 :

Mules. . . . . . , ... 5 millions.
Médecines, drogues. 6
Vins et eaux-de-vie. 55
Tissus de toute espèce, objets de mode, librairie, etc., etc. 276

TOTAL des Exportations. . . . 342 millions.

Il faut observer que les milliers d'étrangers qui traversent la France achètent beaucoup d'objets qui ne sont point enregistrés ; il en est de même de l'or et de l'argent ; la différence est donc peu considérable, et serait même à notre avantage, si l'industrie agricole diminuait l'importation.

Pour bien saisir notre position, il faut examiner les deux industries en Angleterre, et on verra que, sous le rapport de l'industrie manufacturière, notre position est plus avantageuse.

Sur les deux industries en Angleterre.

Depuis 1790 , le parlement a ordonné le partage des communaux , non par tête d'individu, mais à raison de la propriété. Il en est résulté que la grande propriété a augmenté, et qu'elle a , pour ainsi dire , la superficie du sol. C'est sur ce principe que M. Rubichon a précédemment établi la prospérité de l'agriculture anglaise. Dans ce dernier ouvrage , il ne fait que donner des calculs , qui présentent cependant un grand intérêt, en ce qu'ils se rattachent à l'objet qui m'occupe.

En 1791 , la population de l'Angleterre n'était que de 9,400,000 individus , et le nombre de chevaux susceptibles d'être imposés, de 402,000.

En 1828, la population était de seize millions , et le nombre des chevaux , de 994,000. Ainsi, pendant la période de quarante ans , la population ayant augmenté dans la proportion de 100 à 173 , le nombre des chevaux s'est élevé de 100 à 250 , et dans un pays où il y a peu de roulage.

Comme on a pu le voir, cet accroissement de chevaux serait aussi nuisible à l'An-

gleterre qu'il l'est à la France , si , comme
dans notre pays , le nombre des animaux
comme bœufs et moutons avait diminué dans
la même proportion. Mais loin de là , dans
cet espace de quarante années , le nombre
des moutons a augmenté en Angleterre dans
la proportion de 100 à 150 , et dans ce
moment le nombre des bêtes à laine est de
cinquante millions , donnant à peu près 250
millions de laine , lavée sur le dos de l'animal ; et nous , si bien placés , avec trente-
deux millions d'habitans , nous n'entretenons
que vingt millions de bêtes à laine , et nous
ne récoltons que trente-deux millions de laine.
L'augmentation sur les bœufs n'a été que de
100 à 136 , et présente un capital de sept
millions de têtes.

En Angleterre , le partage des communaux
a augmenté la superficie de la terre cultivée
de 100 à 125 , mais la quantité d'engrais a
augmenté dans la proportion :

Pour les chevaux, de 100 à 264 ;
Pour les moutons , de 100 à 136 ;
Pour les bœufs,   de 100 à 136.

Nécessairement cette masse d'engrais a dû
augmenter le produit des céréales , mais pas
cependant dans une proportion suffisante avec
l'accroissement de la population. Le nombre

des chevaux ayant augmenté , il a fallu remplacer des champs cultivés en blé par des prairies. Sans doute les Anglais ont trouvé leur compte à sacrifier le règne végétal au règne animal , le premier épuisant la terre, l'autre la vivifiant ; mais cet état de choses a obligé l'Angleterre à importer , chaque année , un million d'hectolitres de grains , que la France pourrait lui fournir , si son agriculture se perfectionnait. Pour bien se fixer sur l'accroissement des produits agricoles en Angleterre, nous aurons le document officiel suivant :

De 1791 à 1831, l'accroissement des produits a été dans la proportion :

>   Chevaux , de. . . . . 100 à 264.
>   Bœufs. . . . . 100 à 136.
>   Moutons. . . . . 100 à 156.
>   Hect. blé. . . . . . . 100 à 165.
>   Orge ou seigle. . . . 100 à 112.

D'après ce calcul, les produits de l'agriculture ont augmenté dans la proportion de 100 à 208 ; et, comme le nombre des agriculteurs n'a augmenté que de 100 à 120 , chacun a vu sa fortune s'accroître dans la proportion de 100 à 187 , tandis qu'en France il y a eu diminution d'un quart.

L'Angleterre a donc adopté un meilleur

système d'agriculture que la France. Examinons à présent le système manufacturier des deux nations.

Sur ce sujet , M. Rubichon est sur son terrain ; le commerce et les manufactures ont été l'étude de toute sa vie ; aussi, peu d'hommes ont mieux conçu et apprécié les intérêts commerciaux des deux nations. Il les établit sur des chiffres positifs , et nous fait connaître cette fantasmagorie des richesses de l'industrie commerciale anglaise. Les résultats qu'il présente et les conseils qu'il donne, peuvent nous être bien utiles. Je vais me contenter de donner quelques résultats qui se rattachent à l'amélioration de notre système agricole.

On a vu, par le tableau que j'ai donné de nos exportations et de nos importations, qu'à peu de chose près il y avait une sorte de balance.

M. Rubichon considère les colonies comme nuisibles à la France , et c'est aux quarante colonies anglaises qu'il attribue l'état critique de leur industrie manufacturière. Cette opinion paraîtra paradoxale aux personnes qui croyent que la richesse si enviée du commerce anglais tient à ses nombreuses colonies. Sans doute, pendant la longue guerre européenne, les Anglais, faisant seuls le commerce du monde, ont dû faire des gains immenses; mais, depuis dix-neuf ans de paix, toutes les nations ont rivalisé entre elles, en établissant de nombreuses fabriques. L'Angleterre a perdu les débouchés de l'Allemagne, de l'Italie et de l'Espagne. Les colonies espagnoles dans l'Amérique, qui paraissaient aux manufacturiers anglais une mine inépuisable, ont produit des résultats qu'il est bon d'observer. Ainsi, de 1791 à 1810, l'Angleterre exporta, année moyenne, pour 786,000,000.

L'importation fut de 686,000,000
La monnaie battue, de 24,000,000 } 710,000,000

Perte, dix pour cent, 76,000,000

Cette perte est facile à expliquer par les subsides énormes que l'Angleterre fournissait, et qui se composaient naturellement de tous les objets nécessaires aux armées, et dont la valeur était retenue sur le montant des subsides.

Nous arrivons à la paix. L'Europe est ouverte au commerce anglais, ainsi que les colonies d'Amérique.

Alors, depuis cette époque jusqu'en 1830, l'année moyenne à donné en exportation 1,388,000,000.

$$\left.\begin{array}{ll}\text{L'importation.} & 1,000,000,000 \\ \text{Monnaie battue,} & 53,000,000\end{array}\right\} \ 1,053,000,000$$

Perte, vingt-deux pour cent. . .   335,000,000

En 1832, les exportations se sont montées à 1,786,000, et les importation seulement à . . . . 1,243,000. La perte a donc été de trente pour cent. (1)

L'intérêt de l'état pour les manufactures est le même que pour l'agriculture. Peu lui importe que le manufacturier, comme le propriétaire, se ruinent, l'essentiel pour lui est que les produits des deux industries augmentent ; mais quel est le résultat de cet état de choses ? c'est que le propriétaire est obligé de vendre son bien, et le manufacturier de faire faillite. Ainsi, de 1751 à 1760, il y avait eu en Angleterre 525 faillites officielles, sans compter celles arrangées à l'amiable, que l'on évalue au double, ce qui porte la totalité à 1,600.

En 1818, les choses avaient empiré, de manière que les prisons étaient tellement encombrées de débiteurs, que le parlement rendit une loi par laquelle l'abandon de tous les

____

(1) J'oserais croire que la perte énoncée par M. Rubichon est moins forte ; il y a eu nécessairement une partie des objets exportés, payés par des fonds déposés à la banque et par lettres de change.

biens , et un emprisonnement de quarante jours , autorisaient le tribunal créé à cet effet à ordonner la mise en liberté. Le nombre de débiteurs sortis de prison , en vertu de cette loi , a été, pendant les dix dernières années , de 55,864. Ceux qui font faillite officiellement sont affranchis de leurs créanciers , quelque fortune qu'ils acquièrent , tandis que ceux mis en liberté ne peuvent acquérir aucun héritage. Le nombre des faillis officiels étant de 14,338 , année moyenne, et le double par arrangement à l'amiable , il résulte que, dans l'intervalle de dix années , cent mille chefs d'établissemens , en général pères de famille , se sont ruinés complètement (1).

Le bouleversement dans les fortunes qu'à dû établir un tel état des choses, a bien plus porté sur les villes manufacturières. Cette augmentation d'objets fabriqués , a donné un accroissement de population qui n'est pas sans danger pour la tranquilité publique. C'est ainsi que cinquante villes ont doublé leur population. Manchester est parvenue de 72 mille âmes à 237 mille ; mais, pendant que ces villes augmentaient leur population de 100 à 208 , celle des campagnes n'était que de 100 à 112.

____

(1) C'est un individu en faillite sur 154.

Cet état des choses était avantageux quand les Anglais étaient les seuls fabricans ; mais à présent ces innombrables manufactures sont une véritable calamité. Le bon marché des marchandises fabriquées a exigé l'invention de machines ingénieuses , et de la part des ouvriers un excès de travail ; et il en est résulté un effet qui ne peut que procurer des désordres. Ainsi, à Londres, les individus au-dessus de vingt et un ans se composent de 443,000 hommes et 569,000 femmes ; à Glazcow , de 50,244 hommes et 65,222 femmes ; à Manchester, de 62,929 hommes et 75,015 femmes ; la proportion est donc de 100 hommes sur 130 femmes.

On a voulu prouver la prospérité du peuple Anglais par l'augmentation de la consommation du thé, en ce qu'elle était , en 1791 , de 17 millions, et qu'à présent elle est de 24 millions ; mais on a oublié de tenir compte de l'augmentation de la population , et il en résulte que sur 100 individus qui prenaient du thé en 1791 , il n'y en a plus que 82.

Fort de ses calculs , M. Rubichon établit que l'agriculture doit être considérée et encouragée , comme la véritable source de notre prospérité ;

Que les manufactures et le commerce ne

peuvent donner une prospérité durable ; que, si une manufacture est fondée sur les productions du pays, son succès n'est qu'une conséquence du succès de l'agriculture ; et que les manufactures avec les produits étrangers ne peuvent regarder que quelques objets de vêtement et de mobilier. Tel est, en France, le coton, qui, agglomérant de nombreuses populations autour des manufactures, non seulement nuit à nos richesses indigènes, telles que la laine, le lin, le chanvre, mais de plus compromet la tranquillité publique quand il devient rare. C'est ainsi que, pendant nos longues guerres, on a vu tant de villes ruinées, et le nombre de pauvres augmenter.

On pourrait donc conclure de cet exposé que le commerce ne peut presque rien pour accroître les richesses d'un pays ; il ne peut que varier les jouissances, mais toujours au dépens de celui qui veut jouir. Ainsi les Anglais qui veulent prendre du thé donnent cent jours de nourriture en pain et en lard, pour cinquante jours de cette nourriture peu substantielle du thé. Mais ce n'est pas ainsi qu'un peuple peut jouir d'un état prospère. L'accroissement des pauvres, en Angleterre, en est la preuve, et il ne faut pas être surpris si le nombre des gens amenés aux assises a fort augmenté. En consultant le relevé officiel, on voit que, de 1830 à 1832 , l'Angleterre et l'Irlande , peuplées de 24 millions , ont eu aux assises 40,225 accusés , et la France , peuplée de 32 millions, seulement 7,000. (1)

Pour bien juger la position des deux industries en Angleterre, il suffit d'observer :

Que l'industrie agricole avec son système de grande culture a augmenté le nombre de ses familles dans la proportion de 100 à 112, et ses produits de 100 à 203 ; et que l'industrie manufacturière , en augmentant sa population de 100 à 208 , et en l'agglomérant dans des localités , a fait diminuer les produits des subsistances d'un cinquième.

En France , où les manufactures sont en partie établies sur des matières premières dues à notre agriculture, nous aurions obtenu une plus grande et plus solide prospérité, sans la division de la propriété. Aussi l'ensemble de la population n'a augmenté, dans quarante ans, que dans la proportion de 100 à 110 , et encore devons-nous cet accroissement à la longévité , car le nombre des mariages a diminué dans la proportion de cent à quatre-vingt-quinze , et dix mariages qui

----

(1) Voir la note à la fin de l'ouvrage.

produisaient autrefois quarante-cinq enfans , n'en produisent plus que trente-huit. Mais les produits des subsistances utiles aux manufacturiers ont diminué de cent à quatre-vingt.

On pourrait donc conclure de cet exposé que la France et l'Angleterre sont dans une crise dangereuse , produite par la diminution des subsistances relativement à leur population , et cela par des causes différentes :

En Angleterre , par le système des manufactures établies sur des produits étrangers ;

En France , par la division rapide de la propriété, et par son système de culture.

Le résumé des faits présentés sur cette importante question est bien simple, le tableau suivant suffira.

RÉSUMÉ COMPARATIF DE CERTAINS PRODUITS DE L'AGRICULTURE EN FRANCE ET EN ANGLETERRE.	ESPÈCES DES PRODUITS.	PRODUITS EN ANGLETERRE.	PRODUITS EN FRANCE.	LA FRANCE AURAIT DU PRODUIRE.
L'Angleterre , avec 14 millions d'habitans ,	Chevaux.....	170,000	40,000	400,000
	Bœufs	1,250,000	800,000	2,500,000
	Moutons.....	10,000,000	5,550,000	24,000,000
La France , avec 32 millions.	Laine..........	250 millions.	30 millions.	570 millions.

Pour obtenir ces résultats ,

l'Angleterre emploie 928,000 familles ; la France , 4,200,000.

CONCLUSION.

Si cette question de la division de la propriété est bien éclaircie par tous les faits que nous a donnés M. Rubichon, s'il reste prouvé que le morcellement menace la prospérité, et peut-être même l'existence de la France, il serait important que des personnes habiles voulussent bien rechercher les moyens d'atténuer le mal. Nous avons, sur cette question, quarante ans d'expérience, des preuves, des recensemens d'hommes et d'animaux, cela doit suffire. Tous ces documens doivent servir à nous indiquer les améliorations que nous devons apporter à notre système d'agriculture.

Je vais présenter quelques idées sur ce sujet : si des personnes plus habiles, et surtout mes honorables collègues de la Société d'Agriculture, veulent bien les améliorer, elles pourront peut-être présenter quelque utilité.

Avant de présenter les idées d'amélioration, je crois devoir établir les principes qui me paraissent la conséquence de tous les faits et calculs que nous devons à M. Rubichon.

Il résulterait donc de ce que je viens d'exposer :

Qu'un état ne peut prospérer que quand les subsistances produites par l'agriculture augmentent dans la proportion de la population;

Que nous ne devons et ne pouvons diminuer l'importation des produits que l'agriculture devrait nous fournir, qu'en modifiant le système du culture que nous suivons;

Que l'industrie manufacturière ne peut acquérir une prospérité solide, qu'en employant des produits indigènes;

Que l'industrie agricole ne peut prospérer que par une sage combinaison de la quantité de terres semées en céréales, et de celles formées en prairies, combinaison qui est en Angleterre de vingt-huit sur cent hectares, et en France seulement de sept et demi hectares;

Enfin, que le morcellement de la propriété produisant des résultats qui compromettent non seulement la prospérité, mais l'existence de la France, il est nécessaire d'en diminuer l'effet par de sages mesures.

IDÉES GÉNÉRALES

Sur l'Amélioration de l'Agriculture dans le Sud - Ouest de la France.

Pour améliorer l'agriculture, il faut la considérer comme la première des industries, l'encourager par tous les moyens ; maintenir les blés à un prix modéré, de dix-huit à vingt francs l'hectolitre.

L'on ferait bien aussi d'établir, dans chaque département, une sorte de ferme modèle (1).

Cette ferme aurait le dépôt des béliers mérinos du gouvernement, confiés gratuitement, pour la monte, aux propriétaires désignés par le jury agricole. Ce serait un moyen certain d'améliorer nos laines.

Comme on a pu le voir dans ce mémoire, nous ne produisons ni assez de bœufs, ni assez

---

(1) Plusieurs essais dans ce genre n'ont pas réussi dans le Midi : je proposerais de laisser au choix d'un jury agricole, présidé par le préfet, le jeune propriétaire qui présenterait, par une expérience de quelques années, la garantie nécessaire. Il suivrait les instructions qui lui seraient données ; et, pour l'exécution du système d'agriculture qu'on lui imposerait, il lui serait accordé, par le conseil général, une somme qui pût l'indemniser de sa dépense. Le choix du local, l'étendue du domaine, devraient être médités. J'oserais croire qu'on obtiendrait de grands résultats je ne fais qu'énoncer l'idée.

de moutons ; il en résulte que nous sommes obligés d'importer pour 247 millions de produits, que l'agriculture devrait nous fournir. Pour remédier à cet inconvénient, il faut nécessairement modifier notre système d'agriculture, en diminuant la quantité de terres semées en blé, et en les cultivant en fourrages, surtout en prairies. On ne doit pas craindre une diminution dans nos subsistances en grains, puisque l'augmentation des engrais élevera les produits en blé. En 1811, l'exposé de la situation de l'empire évaluait le produit du blé à six pour un. Récemment des savans ont contesté ce produit, et ne l'ont évalué qu'à quatre pour un. Je croirais que dans le Midi on pourrait porter cette évaluation, terme moyen, à cinq pour un.

Mais, pour parvenir à créer de bonnes prairies et de bons pâturages, il faut demander à la mécanique et à l'hydraulique, qui ont fait de si grands progrès, les moyens d'utiliser les nombreux cours d'eau que nous avons. Je proposerais donc de promettre un prix considérable (de 10 à 20,000 francs) au mécanicien qui fournirait une machine hydraulique d'un prix modéré et de peu d'entretien, pouvant élever 100 pouces d'eau fonteniers (deux millions de litres dans vingt-quatre heures), avec lesquels on pourrait arroser 100 demi-hectares.

Je conseillerais de revenir aux anciens réglemens forestiers, pour encourager l'augmentation des troupeaux;

De proposer un prix considérable pour la meilleure machine à dépiquer les grains, comparativement au fléau et au rouleau;

De donner un grand encouragement à la plantation des mûriers et à la fabrication de la soie; une prime serait accordée par quintal de cocons recueillis, et suivant un taux progressif;

De changer de système sur l'impôt du vin, s'il n'est pas possible de le supprimer;

D'encourager, par quelque récompense, les produits de la laine, et son amélioration de finesse; car c'est la laine métis que nos manufactures réclament;

De faciliter, par une diminution dans les droits de succession, la conservation intégrale des propriétés dans les partages de famille;

De confectionner les chemins vicinaux, d'ouvrir des canaux; enfin, de créer cette grande institution de réunion de plusieurs départemens en province, en grandes assemblées, qui donneraient les moyens d'exécuter toutes les améliorations que l'opinion réclame vainement depuis long-temps.

Mais, pour donner le moyen à ces provinces de faire de grandes choses, il faut créer des capitaux pour fournir aux entreprises de tout genre ; il faut donc, à l'exemple des Anglais, et surtout de l'Écosse, créer une banque pour chaque réunion de départemens ; et, pour en assurer le succès, il faudrait lui donner la perception des impôts, le privilége de toutes les assurances, pour l'incendie, la grêle, les innondations, le placement des emprunts pour les communes. Par ces moyens, la banque établirait des comptes courans avec les propriétaires, l'intérêt à 4/oo et 1/4 de commission. C'est alors qu'on verrait se former cet esprit d'association avec lequel les Anglais ont fait de si grandes choses ; les propriétaires, certains d'avoir des capitaux à un intérêt modéré, ne craindraient pas de se livrer à de grandes entreprises ; ils auraient d'ailleurs le moyen de placer leurs économies dans les années d'abondance, et il leur resterait des ressources dans les mauvaises années. Mais encore, dans ce plan, il y a le grand inconvénient de supprimer tant de places de finances, et de nuire au bien être d'un grand nombre d'individus il est vrai que la perception des impôts serait réduite de moitié. Ainsi, toujours le mal à côté du bien.

Me serait-il permi de croire qu'avec les

améliorations que je propose , l'agriculture atteindrait à un haut degré de prospérité, que les expropriations et la division des propriétés seraient moins considérables , et que, dans cette position, nous jouirions d'une vraie liberté ; non de cette liberté qui détruit, mais bien de celle qui fonde les empires (1).

Au sujet d'une banque provinciale , supposons un propriétaire acquéreur d'un terrain de 100 hectares. Il doit bâtir une ferme et améliorer ; il a donc besoin de capitaux. La banque lui prête dix mille francs par an pendant cinq ans; la sixième année, il doit rembourser à la banque 54,500 francs , ce qui donne 4,500 fr. pour les intérêts. Ces 4,500 fr. sont les profits , moins les petits frais de la banque , puisqu'elle n'a fait qu'échanger ses billets au porteur contre des engagemens à terme du cultivateur. Bien entendu que les administrateurs veilleraient à ce que les prêts de 10,000 francs fussent employés sur la ferme. Et il faut observer que la banque ne court aucun danger, les 100 hectares de terrain lui répondent de ses avances. Qu'on juge à présent de l'augmentation de valeur de cette ferme bonifiée par des avances de 50,000 francs ,

---

(1) Expression de M. de Chateaubriand.

qui ne coûteront que 4,500 francs aux propriétaires, et, pour les manufactures, quel
encouragement ! quel moyen de prospérité
future !

M. Rubichon propose quelques moyens pour
sortir de la position dangereuse dans laquelle
nous nous enfonçons tous les jours davantage.

Il suppose la France avec un gouvernement
qui lui assure la stabilité.

Il établit deux formules indispensables :

1.º Faire en sorte que les subsistances multiplient plus que la population ;

2.º Ne permettre, en France, aucun établissement industriel pendant la paix, si la
guerre peut en attaquer la prospérité.

Le dernier ouvrage de M. Rubichon, du
mécanisme de la société, doit être lu avec
attention par les publicistes (1).

----

(1) On désirerait peut-être connaître le rôle qu'à joué M. Rubichon. Ayant eu l'avantage d'être lié particulièrement avec son
honorable famille, je puis le faire connaître. Victime de la catas-
trophe de Lyon, cette famille, composée de quatre frères, tous
négocians, se réfugia en Suisse. C'est là que j'ai eu l'avantage
de me lier avec elle. Un frère resta en Suisse, un autre fut à
Hambourg, l'écrivain fut à Londres, et l'aîné vint reprendre son
commerce à Lyon. C'est dans cette position que cette famille
devint une sorte de providence pour les émigrés. On ne peut se
faire une idée des immenses services qu'elle rendit à toutes les
classes de l'émigration, leur avançant des fonds, leur faisant

COMMERCE DES GRAINS,

Et Lois qui le régissent.

La vente des blés à un prix assez élevé, peut être considérée comme la base principale de la prospérité de l'agriculture des départemens du Sud-Ouest. Jusqu'à présent, on avait posé en principe qu'il était d'un intérêt absolu, pour la classe ouvrière des manufactures, même pour la société entière, que les grains se maintinssent à bas prix ; mais le changement qui s'est opéré à cet égard dans l'opinion d'un grand nombre d'artisans est d'autant plus remarquable, qu'il ne peut être que le fruit de l'expérience. Ils sont maintenant convaincus que le bas prix des grains n'est pas ce qu'ils doivent le plus désirer, mais bien plutôt le travail qui peut leur donner le moyen d'en acheter ; ils savent aussi fort bien que le plus ou le moins de travail tient à l'aisance des propriétaires. C'est donc un prix modéré qui convient à toutes les classes de la société ; et

---

passer les secours qu'elle retirait des familles avec lesquelles elle établissait des correspondances, et cela avec le plus noble désintéressement, et une unanimité d'obligeance entre les quatre frères qui ne s'est jamais démentie, et dont cependant ils n'ont pas été récompensés.

les manufacturiers, ainsi que les marchands en gros et en détail, y sont intéressés, puisque la consommation des étoffes communes, fabriquées dans nos départemens, se mesure sur l'aisance des petits propriétaires et des métayers; aisance qui ne se compose, pour ces derniers, que de la vente des grains qui ne sont pas nécessaires aux besoins de leur famille; et ce n'est que par la vente de ce superflu qu'ils acquittent les impositions, et qu'ils se procurent tous ces objets manufacturiers que l'on pourrait appeler luxe des campagnes; luxe utile en ce qu'il constitue le bien-être des familles.

Pour les propriétaires aisés, le bien-être tient de même à la vente de leurs grains. Si le prix est assez élevé (de 18 à 22), ils peuvent se livrer à des améliorations et à des dépenses qui répandent l'aisance dans les campagnes. Que les blés soient à bas prix, tout travail est suspendu, le propriétaire a de la peine à payer ses impositions, il néglige même la culture, et les récoltes s'en ressentent; le pain, à la vérité, est à bon marché; mais le journalier ne gagne pas de quoi en acheter: que quelques années pareilles se succèdent, la misère est au comble, les impôts ne se payent plus, l'abondance crééra la misère en diminuant les produits ; et toutes les branches d'industrie qui s'y rattachent , en décroissant successivement, vont compromettre l'existence des familles.

Les départemens composant la Provence et le Bas-Languedoc , ne récoltent de grain que pour trois mois de leur consommation ; ils échangeaient leurs vins et leurs huiles contre les blés du Haut-Languedoc et de la Gascogne. Cet échange mutuel enrichissait nos provinces du Midi ; et l'excédant de nos besoins, transporté en Espagne , nous procurait un numéraire immense , qui répandait l'aisance dans toutes les classes , augmentait les ressources de l'état , et balançait la sortie de soixante millions que nous coûtaient les achats de laine d'Espagne et de soie d'Italie. Cet état de prospérité a changé , depuis que la loi a permis l'entrée des blés d'Odessa à un taux beaucoup trop bas.

On conçoit la sollicitude des ministres pour éviter un prix trop élevé des grains ; mais le remède est-il dans les motifs de la loi qui permet l'importation ? Je ne le pense pas ; elle est non seulement contraire à l'agriculture , mais, de plus , elle ne produit pas le résultat si avantageux qu'on espérait.

Si nous consultons les documens officiels ,

nous trouvons que l'importation des blés étrangers a donné, terme moyen de dix-huit années, 743,000 hectolitres de grains ou légumes ; et, comme la consommation journalière de la France est de 421,000 hectolitres, il s'ensuit que l'importation n'a fourni que pour un jour et deux tiers aux besoins de la population.

Mais, dira-t-on, l'importation a le grand avantage de fournir à nos besoins dans les années disetteuses, et de maintenir les blés à un prix modéré. Examinons si les résultats ont été ce qu'on espérait ; et, pour bien connaître la vérité, je prendrai, parmi les années disetteuses, 1816, 1817 et 1818. A ces époques, le gouvernement crut devoir accorder une forte prime à l'entrée des blés étrangers ; il fit même des achats considérables. Voici le relevé officiel de ces trois années :

1816 a fourni d'importation 1,200,000 hectolitres ;
1817 . . . . 2,200,000 ;
1818 . . . .   696,000.

Ainsi cette grande mesure qui a coûté si cher, qui a fait sortir un numéraire immense, n'a cependant fourni aux besoins de la France que trois jours de consommation en 1816 ;
cinq jours en. . . . . 1817 ;
un jour et demi en. . . . . . . 1818.

Ces résultats prouvent donc , d'une manière

évidente, que ce n'est pas dans l'importation des blés étrangers que le gouvernement doit chercher les moyens de subvenir aux besoins de la France ; mais plutôt dans l'ouverture des canaux, la construction de nouvelles routes, la réparation de chemins vicinaux, qui, en facilitant les transports, établiront une balance avantageuse entre l'excédant des besoins d'une partie de la France, essensiellement agricole, et ceux des autres parties, livrées plus particulièrement aux manufactures.

Si l'on veut bien considérer combien de routes, de dessèchemens et d'améliorations utiles à l'agriculture on eût pu opérer avec les sommes considérables qu'a coûtées l'importation d'Odessa, on se convaincra que cette mesure, nulle dans ses résultats, a cependant porté un coup mortel au commerce français, par l'effet moral qu'elle a produit sur les négocians en grains. En effet, comment serait-il possible qu'un commerçant hasardât de faire des achats considérables de blé dans le Sud-Ouest ; qu'il le fît transporter par le canal du Midi dans la Provence ou sur le Var, ou bien dans les ports de la Manche, par Bordeaux, en ayant en perspective la concurrence des blés d'Odessa, qui, nécessairement, doivent compromettre les plus sages spéculations. Le commerce des grains à distance exige des probabilités de prix assez positives , ce qui est impossible avec l'importation.

Ce qui est arrivé à Marseille en 1820, prouve combien la loi est imparfaite et mène à de graves inconvéniens.

A cette époque, l'importation ne pouvait avoir lieu que quand le blé était à vingt et un francs l'hectolitre. Les négocians spéculateurs, sur les apparences médiocres de la récolte, s'empressèrent de faire venir à l'entrepôt une grande quantité de blé d'Odessa, qui leur revenait de huit à neuf francs l'hectolitre. Les prix se soutenaient à dix-neuf, vingt et vingt francs cinquante centimes. Il ne s'agissait plus que d'une hausse de cinquante centimes pour faire entrer les blés. Pour des négocians qui s'entendent, rien de plus facile que d'opérer cette légère hausse de cinquante centimes ; elle eut lieu en effet, et à peine l'entrée fut-elle permise, que le Midi fut encombré de blés étrangers , ce qui ne permit pas aux propriétaires de vendre leur récolte. Les cortès espagnoles ont mieux vu l'intérêt de leur agriculture; fidèles au principe qui a porté l'agriculture anglaise à un si haut degré de prospérité, elles n'ont permis l'importation des blés chez elles que quand l'hectolitre était à quarante francs (1).

Le ministre de l'intérieur a publié, en 1819, un travail sur la consommation annuelle de la France ; il en résulte qu'à cette époque les besoins de de la population exigeaient 155 millions de grains de toute espèce, c'est-à-dire 421,000 par jour. Depuis, la population a augmenté à raison de 240,000 individus, par an, de 3,600,000 ; mettons un dixième, ce sera donc 170 millions par année, ou 462,000 par jour.

---

(1) En Angleterre, après bien des essais, on a cru balancer les intérêts de l'agriculture et ceux de l'industrie, en fixant à 26 francs 66 centimes l'hectolitre le taux légal du blé. A partir de ce point, chaque schelling (43 centimes) d'augmentation ou de diminution, fait augmenter ou baisser les droits d'un schelling. On conçoit fort bien qu'avec la facilité des communications, on puisse prendre un taux général ; mais il n'en est pas de même en France , on a vu le blé à 12 francs en Bretagne et en Lorraine , et à 24 francs sur le Var. Les Anglais n'ont pas à redouter, comme nous , ces blés d'Odessa, qui, desséchés à l'étuve, produisent des farines supérieures aux nôtres.

La consommation annuelle de 155 millions se divise :

COMSOMMATION PAR ESPÈCES.			EMPLOI DES 155 MILLIONS RÉCOLTÉS.		
	millions hectolitres.			millions hectolitres	
En Blé.	52		Grains employés à la nourriture.	97	1/3
Méteil.	13	1/2	Pour chevaux,		
Seigle.	26		bestiaux, volailles.	29	1/3
Maïs.	6		Pour semences. .	26	1/3
Orge.	14		Pour autres usages.	2	
Sarrasin. . . .	6	1/2			
Avoine.	32				
Légumes secs.	2				
Menus grains	3				
	mil. 155,000			mil. 155,000	

Les ressources en pommes de terre, châtaignes et autres farineux, dont la quantité forme quarante-neuf millions d'hectolitres, peuvent être évaluées, comme nourriture, à seize millions d'hectolitres, en les assimilant aux grains de première et seconde classe.

D'après ce tableau, il est donc prouvé qu'un produit général de quatre semences quittes, peut fournir aux besoins de toute la France ;

et, comme il est très-facile, en favorisant l'agriculture, en défrichant les terres incultes, de porter ce produit de quatre à six semences, le gouvernement peut, sans crainte, ne permettre l'importation qu'à un taux très-élevé des blés.

Mais, de tous les moyens d'obtenir en France de plus grands produits en grains, je croirais qu'un des plus actifs et des plus influens serait, sans nul doute, une diminution dans l'impôt foncier (1). Un seul exemple suffira pour prouver les grands avantages d'un changement de système. Supposons qu'un propriétaire obtienne une diminution de cent francs, il pourra employer cette somme en améliorations, et fera faire cent journées ; les journaliers achèteront, avec une partie de cette somme, des grains, de l'huile, du drap, etc. Les marchands de ces objets feront venir d'autres marchandises, qui exigeront de nouvelles fabrications, et toutes ces ventes auront eu lieu avec un certain bénéfice. C'est ainsi que ces cent francs, circulant

---

(1) M. le comte de Villèle l'avait bien senti, en faisant accorder à la propriété foncière deux dégrèvemens. Il est malheureux que l'effet de ce bienfait ait agi dans les élections dans un sens contraire à ce qu'on aurait désiré. Il eût fallu alors supprimer les patentes, ce qui eût été un bienfait général, et aurait amené d'autres résultats.

dans plusieurs mains , auront été continuellement productifs. Il n'en est pas de même quand
ils sont versés au trésor ; ils deviennent matière
morte pendant un certain temps, ou ne servent
qu'à l'agiotage , comme gage représentatif pour
la hausse ou la baisse.

Ici se présente la grande question de savoir
s'il ne serait pas plus avantageux à la France
d'adopter un système d'impôt sur les consommations. En 1820 , le savant-rapporteur de la
commission du budget nous disait que c'était
à ce beau système que l'Angleterre devait sa
prospérité.

En Angleterre , sur un milliard soixante-
dix-sept millions d'impôts , la propriété et les
capitaux payent . . . ., un quart ;
les consommations . . . ., trois quarts.

En France , sur huit cent mil-
lions d'impôts, la propriété paye   9 seizièmes,
l'industrie et le commerce . . ., 1 seizième,
les consommations . . . . . ., 16 seizièmes.

APERÇU

De l'Administration de la province de Languedoc.

Dans un moment où tous les esprits sages sentent le besoin de créer de grandes administrations départementales , qui puissent encourager l'agriculture par la création de tous les objets d'utilité publique, je crois devoir terminer mon ouvrage par un aperçu de cette admirable administration du Languedoc.

Le système d'administration des états , d'après M. Albisson , « était fondé et fortifié par la
» persévérance , par l'unité des vues, par le
» concours des lumières , et par l'attention aux
» leçons de l'expérience. Il assurait ainsi la
» prospérité de l'agriculture et du commerce ,
» ouvrait aux productions du sol des débou-
» chers faciles, enrichissant et animant l'indus-
» trie en l'affranchissant du joug des préjugés,
» la dégageant d'une police mal entendue , et
» portant successivement à la perfection la
» constitution de cette belle province. »

Le Languedoc était divisé en trois grandes sénéchaussées, dont la réunion formait la province, et renfermait vingt-quatre municipalités de diocèses , divisés en 2,800 municipalités locales.

Il existait donc trois corporations majeures, les états, les sénéchaussées et les diocèses, divisées en petites communes.

Chacune de ces corporations avait ses formes, ses réglemens, ses droits et ses priviléges ; mais tout était en harmonie avec le système municipal, base de la constitution, qui remontait à son organisation en province romaine, c'est-à-dire à 800 ans d'existence.

Les tailles étaient réelles et non personnelles. Nul titre, nulle qualité, ne pouvait en exempter un propriétaire d'un bien rural. Le noble, comme le bourgeois, même les princes du sang, payaient la taille des fonds ruraux ; le clergé y était assujetti.

L'administration des états, comme celle des municipalités, était territoriale, essentiellement fondée sur la propriété, sur la réalité des tailles et sur la solidarité.

Trois classes composaient les états généraux de la province : les évêques, les barons et les consuls ou députés des villes, chefs-lieux des diocèses et des syndics.

Les barons ne siégeaient pas aux états comme représentans du corps de la noblesse, mais seulement comme grands propriétaires de fonds.

Les communes étaient représentées par les consuls, pris dans la classe des propriétaires fonciers et taillables , entre lesquels les nobles prenaient séance , comme les autres citoyens , sans distinction de rang.

Les communes étaient représentées par un conseil payant l'impôt. Le nombre des conseillers variait de ving-quatre à trente-six. Les réglemens exigeaient le domicile , mais accordaient aux propriétaires non domiciliés le droit de se faire représenter.

Quelquefois le conseil réclamait les lumières d'un plus grand nombre d'habitans , qui étaient choisis parmi les plus imposés.

Les conseils se renouvelaient par moitié tous les deux ans. Ils nommaient les consuls et autres officiers municipaux. Il fallait un certain taux d'impôt pour occuper la place de consul.

Les consuls étaient les chefs de la cité ; ils en géraient les affaires , et délivraient, chaque année , la levée des tailles à l'enchère.

La perception se portait, l'un portant l'autre, à cinq deniers par livre (1).

Tous les fonds taillables étaient solidaires , et amenaient, par suite, la solidarité des communautés d'un même diocèse entre elles, et celle des diocèses. Ainsi la propriété du sol et l'im-

----

(1) La perception actuelle est de treize deniers par franc , et de vingt-cinq deniers pour toutes les perceptions réunies.

position étaient les qualités essentielles des députés, soit pour les états, soit pour les diocèses et les communautés.

En principe, les états n'accordaient de gratifications qu'aux choses faites.

« Nulle part, nous dit M. Tourné, on n'avait
» si bien senti combien l'intérêt privé des
» propriétaires du sol se lie à la conservation
» et à la stabilité des empires. Nulle part on
» n'avait mieux su mettre en pratique cette
» doctrine vraiment tutélaire. Pourquoi donc
» cette province a-t-elle gardé, plus long-
» temps qu'aucune autre, ses lois, ses mœurs,
» ses usages antiques ? Pourquoi les terres y
» sont-elles plus recherchées, et de plus grande
» valeur ? Pourquoi l'agriculture et le com-
» merce y sont-ils parvenus, sans efforts, à
» cet accroissement qui assure la richesse des
» habitans et la prospérité de l'état ? C'est que
» le principe de la propriété fut toujours la
» base et la sauve-garde du système politique
» de cette belle province. »

Les délibérations des états étaient préparées par des commissions, composées d'un nombre de membres du tiers état, égal à celui des barons et des évêques. Une commission, réunie au commissaire du roi, examinait si les communes n'avaient pas imposé au-delà de ce qui leur était permis , et si les emprunts avaient été accompagnés des formalités prescrites.

L'assemblée des diocèses était composée de l'évêque , ou de son grand vicaire , des barons ayant leur baronnie dans le diocèse, et des consuls et députés des villes qui avaient le droit d'envoyer à l'assiette.

Il y avait par diocèse un syndic , nommé par l'assiette en assemblée ; il était chargé de la surveillance de tout ce qui regardait l'impôt.

Chaque année , l'assemblée du diocèse faisait exécuter des ouvrages considérables , soit pour ouvrir de nouvelles routes, soit pour construire des ponts et contenir les rivières. Ils envoyaient, chaque année , des élèves aux écoles vétérinaires. Tous les hôpitaux et établissemens de charité recevaient des secours annuels. Ils avaient mis l'instruction à la portée du peuple, par le bienfait des écoles chrétiennes. Des encouragemens étaient accordés aux fabriques ; enfin , les séminaires et les presbytères étaient réparés aux frais du diocèse. Si ces diverses dépenses exigeaient des emprunts , il fallait qu'ils fussent consentis par les états , et autorisés par le roi ; les états prêtaient même leur crédit aux diocèses ; mais il était de principe de ne consentir aucun emprunt s'il ne portait pas la clause de remboursement en six ans.

Le système des travaux publics, adopté par les états de Languedoc, a produit de si grands et utiles résultats, qu'on ne saurait trop le méditer.

Les états étaient chargés des principales routes.

Les sénéchaussées, en corps, de celles de seconde classe.

Les diocèses, de celles de troisième classe, et les communes, des chemins vicinaux (1).

On voit par cette distribution des travaux, nous dit M. Trouvé, « que les états l'avaient
» établie sur ce grand principe des pays d'état,
» que, tout devant être solidaire, c'était à la
» société entière, représentée par les états,
» à supporter la dépense qui pouvait produire
» un bien général. Ainsi il résulte de ce grand
» principe que la province était seule chargée
» des dépenses d'une utilité directe au bien
» général, et les sénéchaussées, les diocèses
» et les communes, de celles qui contribuaient
» à l'avantage de chaque corps particulier. »

Les conditions imposées aux entrepreneurs

____

(1) Bonaparte avait établi une semblable division pour les routes, mais les moyens étaient si bornés, qu'on n'a pu s'occuper que des routes départementales, et non des chemins vicinaux. En 1788, les états avaient arrêté la confection en pierre des chemins d e commune à commune.

étaient précises et sévères. Le directeur ingénieur dressait les projets, et assistait à la recep-
tion des ouvrages. Les inspecteurs surveillaient
les travaux ; ils s'y tenaient assiduement , surtout lors des fondations. Jamais on ne sacrifiait
la solidité à un peu plus d'élégance, et on
apportait le soin le plus minutieux dans le choix
des matériaux.

Les inspecteurs étaient obligés de visiter ,
tous les mois, les chemins de la province ; tous
les deux mois, ceux des sénéchaussées, et, tous
les trois mois, ceux des diocèses.

La garantie des ouvrages pesait pendant dix
ans sur les entrepreneurs, ce qui les obligeait
à bien exécuter les travaux.

Pour bien sentir les avantages de cette belle
administration des états de Languedoc, il suffit
de se rappeler le discours prononcé à la tribune, par un des pairs les plus éloquens, au
sujet des administrations départementales.

« C'est dans ces célèbres états de Languedoc
» que se trouvait la véritable aristocratie,
» n'ayant d'autres sentimens que ceux de ses
» devoirs , et sans autre prétention que celle
» du bien public. Que de prodiges en ont été
» les fruits ! Une province si éloignée, remplie
» de tant de montagnes et de pays incultes,
» qui ne trouvait pas même un abri dans la

» mer qui l'environne, est devenue une de nos
» plus riches contrées. La jonction des deux
» mers par ce canal devenu un des plus beaux
» monumens de la France, un port assuré
» malgré tous les obstacles de la nature, toutes
» les montagnes, toutes les communes ouvertes
» par des routes bien entretenues, les cultures
» animées, les manufactures encouragées, la
» richesse de l'Angleterre faisant de vains
» efforts pour lui enlever le commerce du
» Levant, les villes embellies des plus beaux
» monumens, voilà ce que nous avons vu;
» voilà ce qui doit exciter notre émulation, et
» mériter à jamais notre reconnaissance. »

Si on veut bien examiner ces anciennes institutions provinciales, on se convaincra de la
facilité qu'il y aurait à les coordonner avec nos
institutions actuelles. Il ne faudrait pour cela
que former une réunion de quatre ou cinq départemens, qui seraient administrés par une
chambre départementale, formée des députés
élus par les départemens. Elle représenterait
les états de Languedoc, les conseils généraux
actuels, les sénéchaussées, les conseils d'arrondissement, les diocèses et les communes
actuelles, les anciennes municipalités.

Que d'importantes améliorations ne pourrait-on pas faire avec cette réunion de plusieurs

départemens , qui , mettant en commun leurs richesses , pourraient se livrer à de grandes dépenses utiles. C'est avec cet esprit d'association que l'Angleterre a fait de si grandes choses. Chaque réunion départementale aurait sa ferme expérimentale , son haras , son troupeau mérinos pour fournir, gratuitement , des béliers aux propriétaires, son école vétérinaire , celle des arts et métiers , appropriée à notre pays. Elle serait chargée des routes départementales et des chemins vicinaux ; elle formerait un fonds commun , pour indemniser des pertes de la grêle et des inondations. Chaque département aurait son inspecteur des travaux publics , son architecte et quatre ingénieurs , qui formeraient un conseil des ponts et chaussées. De cette manière, les projets seraient promptement dressés , et exécutés immédiatement (1). La

(1) Je vais donner l'histoire des affaires de la centralisation administrative. Une demande d'autorisation est-elle faite , il y a un rapport du maire au sous-préfet , de celui-ci au préfet ; envoyée à Paris , le chef de division compétent la renvoie au secrétaire-général , celui-ci au premier commis, et de là au second , et, enfin , au troisième employé. Ce dernier , peu rétribué à 6,000 f. de traitement, en prend à son aise connaissance ; le rapport est fait , repasse par la même filière , est signé par chacun sans être lu , par le chef de division , qui ne le lit pas plus que les employés , et, enfin , par le ministre , qui se garde bien de le lire. Au bout d'un ou deux ans , il revient à la préfecture , et, sauf quelque rédaction insignifiante , c'est tout simplement l'avis du préfet.

chambre départementale, composée de quatre ou cinq départemens, s'abonnerait avec le trésor pour le montant de l'impôt du vin, peut-être même du sel. Avec ces abonnemens, la perception serait simplifiée et plus économique. Chaque année, elle publierait, de la manière la plus simple, et avec une grande économie de chiffres, le compte de son administration, afin de prouver à ses administrés qu'elle a joué cartes sur table, ce qui ne se fait pas souvent.

J'ai donné un petit aperçu de l'administration des anciens états de Languedoc, peut-être trouvera-t-on quelque intérêt à connaître quels étaient les frais d'administration de cette province, comprenant sept de nos départemens :

Pour tous les détails de l'administration,	269,700 f.
Sciences et arts ;	34,000
Commerce et manufactures, fabriques,	20,000
Mines, ...	4,800
Haras, ...	4,200
Postes, ...	14,200
Hôpitaux, ...	1,500
Grandes routes et autres, ...	536,737
Ponts, ...	254,328
Chaussées et rivières, ...	31,350
Ports, graux, canaux, ...	197,000
Appointemens des directeurs et inspect.rs,	37,300

A reporter. 1,405,715

Report ci-contre. . . . . 1,405,715 f.
Pensions de retraite , ... 12,700
Indemnités et constructions , ... 111,555
Intérêts des cautionnemens , ... 41,200

TOTAL , ... 1,571,170 f.

Les sommes que la province versait au trésor, ou à la décharge du roi , montaient à. . . . . 12,800,000 f.

C'était donc 14,800,000 liv. que payait la province. Voyons à présent quels étaient les frais d'administration d'un diocèse correspondant à une sous-préfecture ; ils consistaient ,

En appointemens d'un syndic , ... 1,000 f.
Frais de bureau , voyages , ... 2,900
Appointemens d'un greffier et frais de bureau, 1,000
Traitement de vingt-quatre députés , présidens de l'assiette , ... 1,450

TOTAL. . . . 6,350 f.

La perception coûtait cinq deniers par livre; à présent c'est treize. Lorsqu'il y avait lieu de construire , réparer un pont ou une chaussée , la commune que cela intéressait fournissait un préciput , fixé, pour la petite commune , à 240 liv. , et , pour les autres , à 480 liv. Si le prix de l'ouvrage dépassait cette somme , le diocèse venait au secours , jusqu'à la concurrence de 4,000 liv. Si ces préciputs ne suffi-

saient pas , la sénéchaussée y contribuait jusqu'à concurrence de 10,000 livres; enfin , la
province fournissait l'excédant.

Pour les réparations des chemins de communes , le diocèse en avait pris l'entretien à
sa charge. Ces divers entretiens embrassaient
une étendue de 54,000 toises courantes , et
coûtaient au diocèse 2,630 livres ; ce qui
revenait, à peu près, à un sou la toise courante,
la forme et les fossés compris.

Telle était cette institution, admirable dans
ses détails , soit par sa simplicité , soit par son
économie , dans laquelle il devait sans doute
s'être glissé quelque abus , inséparable de huit
cents ans d'existence, mais qui, consacrant pour
le monarque , chef suprême de la famille ,
centre de tous les intérêts , le droit de réclamer
l'impôt, laissait aux états , représentant les intérêts généraux , le droit de l'établir de la manière la moins onéreuse , et aux assemblées de
diocèse, représentant les intérêts particuliers ,
le droit de répartition le plus juste ; consacrait
en même temps , soit pour les états , soit pour
les diocèses , le droit d'imposer pour toutes
les dépenses utiles au bien général , et qui, par
une surveillance locale , savait si bien allier
l'économie avec cette grandeur qui doit toujours distinguer les établissemens publics.

Il est aisé de voir qu'en faisant coordonner ces antiques institutions avec celles qui nous régissent actuellement , on obtiendrait les mêmes résultats , et cela sans être obligé d'adopter les moyens d'exécution , qui ne peuvent être les mêmes. Au lieu d'évêques et de barons, qui réprésentaient la propriété , ce serait la propriété elle-même qui se représenterait.

***

Lettre au sujet de l'Amendement du Lupin et de l'Écobuage.

Lunel , 5 Février 1834.

Monsieur ,

Vous avez publié que le lupin en fleurs enfoui dans la terre, était un excellent engrais pour les terres arables, et même pour les vignes. M. Chambord, propriétaire à Lunel, ayant enfoui du lupin sur une terre lisse bâtarde, obtint un produit de quinze semences.

Je possède, aux environs de Lunel, une vigne plantée de chasselas de Fontaineblau. Cette vigne avait été épuisée, il fallait la rétablir ; les sarmens n'avaient plus que quatre pans de long. Je ne voulus pas employer du fumier animal, pour ne pas détériorer la qualité du raisin. Voici le procédé que j'ai suivi :

Dans les premiers jours de Février 1831 , je fis travailler la vigne, j'ouvris en suite avec la herse un sillon entre les rangées de souches, j'y semai le lupin. Dans les premiers jours de Juin, le lupin, étant en pleine fleurs et ayant de hauteur trente pouces, fut arraché et placé en travers entre chaque souche, et enfoui de suite avec le pèle-verse. L'année 1832, la vigne poussa si fortement, que l'on y comptait communément des sarmens de douze à quinze pans de long. Depuis, cette vigne a conservé sa vigueur. Un grand nombre de propriétaires de Lunel ont suivi mon exemple, et bientôt, je n'en doute pas, cet amendement sera adopté généralement.

Je dois encore vous faire connaître une expérience dont vous m'avez donné l'idée, par l'éloge que vous faites de l'écobuage. J'ai, autour d'un de mes champs, cinquante-quatre oliviers qui donnaient bien peu de fruit ; je fis déchausser ces arbres, et je déposai aux pieds des cendres de garance écobuée. Cette année, 1833, ces cinquante-quatre arbres, amendés de cette manière, ont donné plus de produit que 200 autres, et, chose extraordinaire, l'olive n'a pas été véreuse sur les arbres fumés, tandis que les 200 autres n'ont presque pas donné de produits.

Je suis, etc.

SORBÉS, de Lunel.

Lettre au sujet de la Culture du Lupin.

M. Rey, un des artistes les plus éclairés de notre département pour l'art vétérinaire, est devenu, en même temps, un agronome bien distingué des environs de Castres. Voici ce qu'il m'a fait l'honneur de m'écrire :

Monsieur ,

C'est à vos conseils que je dois d'avoir introduit dans ma culture l'amendement du lupin , auquel je dois une augmentation de produits considérables. Après avoir défoncé mon terrain avec une forte charrue, j'ai semé le lupin, un hectolitre par sac de terre. Cette plante ne prospère pas sur toutes les terres ; elle réussit parfaitement dans les terres douces, fraîches, ayant de la profondeur. Les terres compactes ne conviennent pas à sa culture.

C'est au mois de Juin que j'enfouis le lupin. Il existe plusieurs moyens de faire cette opération. Il faut arracher les plantes, en y passant un traînoir, ou bien faire arracher les plantes à la main, et les placer dans les raies tracées par la charrue. Mais ces deux moyens ont quelque inconvénient, et j'ai adopté une autre méthode, qui consiste à attacher un râteau mobile au timon de la charrue, d'un poids d'environ dix livres, lequel est armé de cinq dents, dont les trois premières, ayant quatre pouces de longueur, sont les plus rapprochées du versoir, et les deux autres, longues de sept à huit pouces, ayant une direction convergente, se trouvant à l'extrémité externe du râteau, et tendant à ramener sous le versoir les tiges du lupin. Par ce moyen, la plante est entièrement recouverte, et il y a économie de dépense.

Je suis , etc.

REY, Artiste Vétérinaire (Castres).

C'est avec peine que j'observe la lenteur ou plutôt l'apathie des agronomes à adopter de bonnes méthodes , dont le succès est constaté dans les départemens voisins. Par exemple, depuis long-temps dans le département du Lot le lupin est employé, avec le plus grand succès, comme amendement des vignes et comme engrais pour la culture du tabac , reconnue si épuisante. Et nous, dont le climat favorise si bien cette culture, nous négligeons ce précieux engrais. On trouve dans la relation du voyage d'un anglais en Italie , qu'il a vu aux environs de Rome des champs de lupin de six à sept pieds de hauteur. Cette observation a dû d'autant plus le frapper, que ce fut dans un de ces champs que des bandits se cachèrent, et purent le dévaliser.

FIN.

TABLE
DES MATIÈRES.

page

FIN DE LA TABLE.

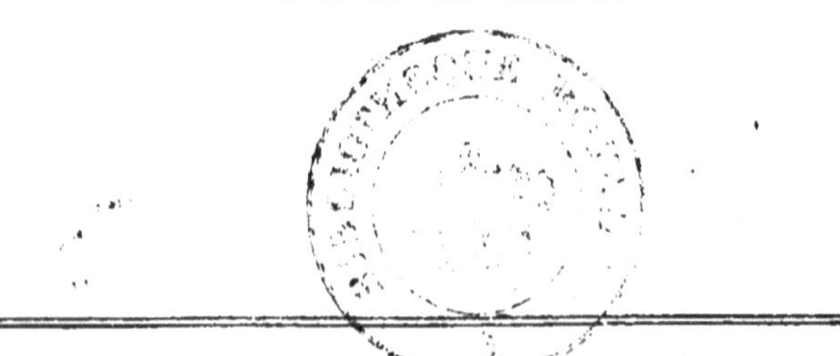

TOULOUSE, IMPRIMERIE DE LÉON DIEULAFOY.